S0-DUV-037

LITTERATURE ET ARCHITECTURE

Le Dix-Neuvieme Siecle

Agnès Peysson-Zeiss

University Press of America,® Inc.
Lanham • New York • Oxford

University Press of America,® Inc.
4720 Boston Way
Lanham, Maryland 20706

12 Hid's Copse Rd.
Cummor Hill, Oxford OX2 9JJ

Printed in the United States of America
British Library Cataloging in Publication Information Available

Library of Congress Cataloging-in-Publication Data

Peysson-Zeiss, Agnès.
Littérature et architecture : le dix-neuvième siècle / Agnès Peysson-Zeiss.
p. cm.
Includes bibliographical references and index.
1. French fiction—19th century—History and criticism. 2. Architecture in Literature.. I. Title.
PQ653.P49 1998 843'.709357 —dc21 98-11247 CIP

ISBN 0-7618-1059-5 (cloth: alk. ppr.)

∞™ The paper used in this publication meets the minimum requirements of American National Standard for information Sciences—Permanence of Paper for Printed Library Materials, ANSI Z39.48—1984

Tables des matières

A ma fille Emilie, ainsi qu'à mon mari, mon frère et ma mère

Préface

Entrer dans cette étude, c'est plonger dans un passé multiple, dans le dédale littéraire, architectural et culturel du dix-neuvième siècle. C'est avec les écrits de Volney et Chateaubriand que la problématique de la stabilité recherchée à l'époque a été mise en exergue. Peu d'ouvrages font référence à la question que je développerai dans cette oeuvre. Ce n'est qu'avec Victor Hugo, que la restauration de l'ordre antérieur sera mise en place dans son roman déterminant: *Notre-Dame de Paris.* C'est avec Huysmans, son esthétique décadente et son utilisation de la cathédrale gothique que nous verrons le point de départ d'une quête spirituelle. Pourtant, ce retour vers la pureté du moyen-âge n'est-il que mythique, impossible? La conclusion logique semblait de se tourner vers Zola et faire ainsi abstraction de toute stabilité. Ses deux ouvrages: *Le ventre de Paris* et *Au bonheur des Dames* reflèaent en effet le triomphe de la modernité et des masses sur le style gothique. Néanmoins, nous ne pouvons nous empêcher de nous poser la questions sur la longévité des bâtiments modernes de nos jours, et la pérennité de l'ancien sur le moderne.

Remerciements

Je tiens à remercier professeur Laurence Porter pour son aide précieuse pendant toutes ces années.

Je tiens aussi à remercier Baylor Univcrsity , Manuel Ortuño, Frieda Blackwell ansi que M. le Doyen Daniel de leur aide.

Et toute ma famille et mes amis de leur soutien moral.

INTRODUCTION

Le dix-neuvième siècle a souvent été défini comme le siècle du monument, que ce soit d'un point de vue littéraire ou historique. Les lecteurs découvrent l'importance des monuments à travers les oeuvres de Hugo dans *Notre-Dame de Paris*; Huysmans, avec ses différents romans, particulièrement ceux de la conversion; Théodore de Banville, dans les *Odes funambulesques*, et *Les Caryatides,* pour n'en citer que quelques exemples; ils perçoivent cette même influence dans l'urbanisme avec les travaux du baron Haussman, ainsi que ceux de Viollet-le-Duc qui restaura Notre-Dame de Paris, Saint-Germain-des-Près, ou le château de Pierrefonds; et d'autres restaurations telles que celles de l'Arc de Triomphe, de la colonne de la place Vendôme, et du Panthéon; ainsi que dans l'histoire avec Sainte-Beuve à travers les descriptions de *Port-Royal* -- les bâtiments ont toujours tenu une place importante dans l'histoire et la littérature du pays. Chaque siècle présente des caractéristiques spécifiques concernant les monuments qui sont reflétés dans l'art du pays, au sein duquel ils tiennent une grande place; particulièrement les cathédrales gothiques qui, depuis les douzième et treizième siècles, dominent la ville de par leur stature et leur composition.

Il s'agit donc en premier lieu de donner une définition de ce que l'on appelle les monuments, d'examiner l'évolution de leur statut à travers les âges, et ensuite de tenter de déterminer la raison pour laquelle l'élément gothique, et le renouveau médiéval jouèrent un grand rôle dans la littérature du dix-neuvième siècle, en étudiant plus précisément sa place et la fonction qu'il occupe dans le roman.

Les monuments historiques, en tant que tels, ne sont en fait qu'une notion récente qui n'a acquis le sens d'édifice, à part entière, qu'à partir du dix-neuvième siècle. Cependant, de la prise de conscience à l'application, le chemin resta pavé d'obstacles et d'arrêts de cette progression. Il existe un certain nombre de définitions concernant le monument, et selon le *Nouveau Larousse Universel*, un monument est considéré comme

> un ouvrage d'architecture ou de sculpture, pour transmettre à la postérité le souvenir d'un grand [personnage], d'une belle action (...) [Les] monuments publics [sont des] édifices appartenant à l'état ou à une commune et destinés à l'utilité et à l'embellissement des villes. [Les] monuments historiques [sont des] édifices des temps antérieurs qu'il importe de conserver, soit à cause des souvenirs qui s'y rattachent, soit à cause de leur valeur artistique[1]

Les monuments sont donc des constructions humaines qui ont été édifiées à travers les siècles par différents architectes, selon les désirs de différentes personnes possédant un pouvoir donné, ou ayant eu une influence dans les affaires du pays. L'édifice, a partir du moment où il a été construit, devient alors une entité artificielle, dont la destinée est de perpétuer le souvenir, et d'afficher diverses évolutions aussi bien architecturales, que sociales et politiques. Chaque bâtiment prend ainsi une certaine valeur qui lui est donnée selon des critères subjectifs, en fonction de sa date de construction, de son style ou encore de sa valeur esthétique; le monument sert également d'indicateur de civilisation, car il possède la particularité de permettre la mémorisation de par la valeur artistique ou historique qui lui est accordée. C'est en perpétuant le souvenir que le monument devient intemporel, universel et acquiert un statut historique qui le situe hors de la portée des êtres humains; étant fragile, il convient de le protéger contre divers "vandalismes", et lui faire acquérir un statut de monument historique pour le mettre hors de portée de la destruction. Car, en effet, en tant qu'édifice, il est soumis à un certain nombres d'actes de vandalisme, et son parcours est semé d'obstacles retardant sa classification, car, bien que certains monuments soient construits de façon intentionnelle, c'est à dire qu'ils sont destinés par leurs auteurs à commémorer un instant précis de l'histoire du pays, de la vie d'une personne ou d'un événement particulier. D'autres ne deviendront historiques que bien plus tard, après avoir été répertoriés de façon subjective par des spécialistes. Quant à la troisième catégorie de monument, elle appartient aux monuments anciens qui témoignent du passage du temps et de leur résistance aux éléments, comme à celle de l'assaut des êtres humains.

Si de nos jours, il est possible de déterminer le statut des monuments historiques sans nous poser trop de questions, il n'en a pas été de même durant la période antérieure à la révolution; si la connaissance du patrimoine se développa de Scévole de Sainte-Marthe à travers son oeuvre des *Gallorum doctrine illustrium qui nostra partumque memoria floruerunt elogia* (1598-1602), en passant par André Duchesne qui rédigea les *Antiquités de la France*, jusqu'à l'arrivée sur le marché du monument de Bernard de Montfaucon, auteur des *Monuments de la monarchie française* (1729-1733), la prise de conscience de l'intérêt qu'il y avait à protéger les monuments historiques ne s'accomplit que bien plus tard. C'est à la suite de la Révolution française, désireuse de faire disparaître les vestiges d'un passé haï, peuplé d'un "intégrisme" religieux, et d'une monarchie trop forte, que l'on vit s'accomplir une oeuvre de destruction et de saccage de nombreux édifices. Dès cet instant, certains révolutionnaires s'opposèrent aux actes de vandalisme, et prirent part à des commissions concernant la préservation des monuments.

C'est en 1790, dans une revue concernant les antiquités nationales, que l'expression "monument historique" fit son apparition dans l'oeuvre d'Aubin-Louis Millin, qui rédigea un recueil *d'Antiquités nationales,* et qui publia également un ouvrage sur *Les monuments français* devant servir de points de repère pour les études spécialisées à venir. Une série d'ouvrages traitant les monuments historiques permet de noter cet éveil du public, et des personnes compétentes se mettent à l'écoute des monuments pour qu'ils soient protégés. C'est ainsi que la notion de monuments historiques se renforça à travers les années, et c'est l'abbé Grégoire (1750-1831), membre de la Convention et évêque constitutionnel de Blois, qui s'opposa au vandalisme en publiant son célèbre "rapport sur les destructions opérées par le vandalisme et sur le moyens de le réprimer" du quatorze Fructidor de l'an second de la République; dans lequel il s'élève contre

> les dilapidations [car] elles ont pour cause l'ignorance; il faut l'éclairer. : la négligence;, il faut la stimuler: la malveillance et l'aristocratie; il faut les comprimer. Quoi! dans le laps d'un siècle, la nature avare laisse à peine échapper de son sein quelques grands hommes; il a fallu trente ans d'études préliminaires et d'un travail continu pour produire un livre profond, un tableau, une statue d'un grand style; et la torche d'un stupide, ou la hache d'un babare, les détruit en un moment! Tels sont cependant les forfaits qui, répétés journellement, nous forcent à gémir sur la perte d'une foule de chef-d'oeuvres.
>
> En général, un monument précieux est connu pour tel. A Moulins, personne n'ignore qu'il existe un mausolée de grand prix; à Strasbourg, tout le monde connaît le tombeau de Maurice de Saxe, par Pigall, et dans l'hypothèse qu'à défaut de connaissances et goûts, on ne pût apprécier ces objets, que risque-t-on de consulter? Rien de plus sage que cette maxime d'un philosophe: dans le doute, abstiens-toi. Il est d'ailleurs des monumens, qui, sans avoir le cachet du génie, sont précieux pour l'histoire de l'art. (...) Ces monumens contribuent à la splendeur d'une nation et ajoutent à sa prépondérance politique. C'est là ce que les étrangers viennent admirer. Les arênes de Nîmes et le pont du Gard ont peut-être plus rapporté à la France qu'ils n'avoient coûté aux Romains[2]

L'abbé Grégoire s'élève ainsi contre tout acte commis envers les monuments alors que ce n'est pas nécessaire. Il se bat pour instruire les personnes et leur inculquer le goût des belles choses qui font la fierté d'une nation, et qu'il ne faut certainement pas laisser détruire sans les défendre. L'histoire et l'histoire de l'art sont présents dans les cours et permettent aux habitants d'un pays de s'informer et de se documenter sur les événements passés. Dans ce virulent rapport, il fait l'apologie des monuments faisant partie du patrimoine de chaque nation et que l'on se doit de protéger. De la Convention à la protection des oeuvres architecturales, le pas fut vite sauté avec l'intervention de Montalivet qui rédigea des prescriptions en 1810 en vue d'inventorier châteaux et abbayes, et de rapporter les oeuvres d'art dans leur lieu d'origine. D'autre part, Quatremère de Quincy (1755-1849), célèbre archéologue, rédige en 1815 ses "considérations morales sur la destination des ouvrages de l'art", à travers lesquelles il traite la question de l'imagination, qui par le biais des oeuvres d'art nous fait voir

> tout ce qui est dans les monumens, et tout ce qui pourrait y être; elle fait entendre et ce qu'ils disent et ce qu'ils sont capables de dire. Ceci n'ôte rien au mérite de l'artiste; car si l'imagination ajoute quelquefois à la beauté de l'ouvrage, il n'y a que les beaux ouvrages qui puissent ainsi faire travailler l'imagination (...) En vain notre bizarre amateur lui eût demandé de redire, dans un site étranger, toutes ces merveilles qui jadis avaient charmé ses sens et son esprit; la ruine muette et privée d'effets, n'eût plus répondu à ses désirs. Détenteur de sa froide réalité, il eût préféré son souvenir à sa présence. Il lui eût fallu, pour revoir ce temple, le replacer en idée sur la cîme du mont qu'il en eût dépouillé. Qui sait encore si le fait de sa possession matérielle ne lui eût pas enlevé jusqu'à la faculté de ce transport imaginaire[3]

C'est le "seul fait de leur conservation [qui] les rend pour nous des objets merveilleux" (*Destinations sur les ouvrages de l'art*, p.66), ainsi donc, il est d'autant plus nécessaire de les conserver dans leur site d'origine, de ne pas les déplacer ni les morceler. C'est ce lien extrêmement fort qui se tisse entre les monuments vétustes et les êtres humains, selon Quincy, qui crée l'idée d'appartenance et la notion d'identité.

> Il ne faut absolument pas redonner à ces restes mutilés une menteuse intégrité, effacer et faire disparaître des ouvrages antiques l'empreinte de l'antiquité, et leur redonner un faux air de jeunesse, [car] c'est leur enlever en partie leur valeur et leur beauté, et cette espèce d'inviolabilité qui les défendait des attaques de l'esprit de critique (*Destinations sur les ouvrages de l'art*, p.67)

Il s'élève également contre les restaurations qui étaient accomplies à des fins de protection et qui dénaturaient complètement les édifices à cause de la façon dont elles se passaient. C'est d'ailleurs Mérimée qui s'élèvera contre le vandalisme des restaurations faites à l'aide de badigeon sur les murs, ainsi que de peinture à l'huile sur les bas-reliefs, ou encore causé par les ajouts des époques ayant succédés à la période de construction. La question de restauration/rénovation se pose et donnera lieu à de grands débats tout au long du dix-neuvième siècle; période pendant laquelle le plus célèbre défenseur de l'architecture et des monuments historiques restera Victor Hugo dont nous évoquerons le travail de longue haleine contre les destructions de la "bande noire", et ses prises de position contre tout acte de vandalisme ou de démembrement des monuments historiques.

Cette prise de conscience de la valeur des monuments historiques en tant que patrimoine résulte d'un développement progressif qui fut sensiblement restreint dès la révolution avec la destruction des lieux de culte, à cause de leur valeur symbolique, faisant des monuments le cheval de bataille des révolutionnaires contre certaines institutions établies. Comme nous l'avons vu, ces destructions firent naître de vives controverses dans les milieux artistiques, cependant, ce n'est qu'avec le ministère Guizot de 1830 qu'un poste d'inspecteur général des monuments historiques fut créé, instaurant une structure politique et administrative de façon à gérer et préserver les monuments. Cette mission fut confiée en premier lieu à Ludovic Vitet, un jeune historien et critique d'art, puis à Prosper Mérimée, qui parcouru la France, de 1834 à 1860 pour établir des rapports sur l'état des cathédrales et abbayes dont la condition se révélait souvent désastreuse. Il fut en faveur de s'occuper des monuments de manière à les préserver, car,

> quoiqu'il en soit, laisser faire, consolider, restaurer, consentir au temps ou refuser son oeuvre, représente autant de choix qui, dans les années ou s'élabore le concept de monument historique, s'ils dérivent tous du traumatisme lié à l'effondrement de l'ancienne France, signifient une profonde divergence d'attitude à l'égard du passé. Ce passé, on peut, qu'on le chérisse ou qu'on l'oublie, l'accepter dans sa décrépitude. On peut aussi décider de le faire revivre, soit pour des raisons politiques et religieuses et c'est l'espoir des utltramontains, soit pour des raisons de patrimoine scientifique, et c'est le pari des néo-gothiques, aux yeux desquels l'analyse des édifices du XIIIe siècle permettra seule, par-delà l'immense erreur de l'italianisme, de créer les conditions de l'architecture moderne et nationale. D'un côté: la résurrection intégrale. De l'autre: le linceul de pourpre où dorment les dieux morts. Aux extrêmités de la chaîne: Chateaubriand et Viollet-le-Duc[4]

Un seul inspecteur étant entièrement insuffisant à l'énorme tâche qui lui était donnée, à l'instigation de Vitet et de Mérimé, la Commission des Monuments Historiques fut créée en 1837, et régit durant cinquante ans la protection du patrimoine architectural. En 1834, Arcisse de Caumont fonda à Caen la société française pour la conservation et la description des monuments de France, qui deviendra plus tard la société française d'archéologie et qui publie régulièrement, depuis 1835, le *Bulletin monumental.* Dès 1821, une ordonnance royale avait créé l'école de Chartres qui s'orienta vers l'histoire médiévale. Cependant, ça n'est qu'avec la loi de 1913 que fut enfin adopté un texte consacrant les principes ayant été élaborés depuis la révolution. Pourtant, en dépit de ces règlementations concernant les monuments, il faudra attendre 1964 et la création de l'Inventaire Général pour que le rôle de ce poste soit véritablement institutionnalisé.

Il est certain que très tôt des musées furent créés pour protéger des objets classés patrimoine historique, cependant, ils ne prirent en compte que des parties d'un tout qui reste vulnérable, et les sites se trouvèrent morcelés, fragmentés en un mot divisés. Dès 1795, Alexandre Renoir ouvrit le premier musée des monuments français qui fut suivi en 1840 de l'ouverture de l'hôtel de Cluny par Sommerard, et Viollet-le-Duc instaura le musée du Trocadéro en 1882 qui fut déplacé à Chaillot en 1937 pour ne citer que quelques musées. Néanmoins, cette organisation légale de la protection des monuments ayant pris quelques années, durant cette période, beaucoup d'édifices eurent le temps d'être pillés, détruits ou laissés à l'abandon. Ce sont ces monuments qui feront l'objet de l'étude que nous nous proposons de faire sur le rôle et la position du monument médiéval au dix-neuvième siècle, non plus sur le simple plan architectural et historique, mais au niveau littéraire à travers les romans de Volney, Chateaubriand, Hugo, Huysmans et Zola.

Pour la plupart, ces auteurs se concentreront sur le monument médiéval qui prendra un rôle prédominant dans leur oeuvre littéraire, et il semble important d'étudier la raison du renouveau médiéval à cette époque, alors que le siècle traversait une période de crise économique, politique et sociale. Si l'intérêt pour le style gothique, qui a toujours survécu à travers les différentes périodes historiques, subit un attrait renouvelé très marqué à la fin du dix-huitième siècle en France; il fut également très fort dans la plupart des pays européens comme l'Allemagne, et l'Angleterre. Cet intérêt se manifeste tout particulièrement dans la littérature à travers laquelle les auteurs y voient de l'architecture nationale que tous revendiquent comme partie intégrale de leur culture. Ils tentent de promouvoir la préservation de ces monuments à travers l'écriture, e/ancrant ainsi sur des pages de papier leurs idées, manifestant leurs émotions visuelles par la plume. Ainsi, Goethe dans "Von deutscher Baukunst" voit dans cette architecture gothique une architecture nationale allemande, et la revendique comme une création de l'esprit national allemand, remplaçant le terme "das Gotische Baukunst" par "deutsche Baukunst", car pour lui

> wenn der deutsche Kunstgelehrte, auf Hörensagen neidischer Nachbarn, seinen Vorzug verkennt, dein Werk mit dem unverstandnen Worte gothisch verkleinert (...) das ist deutsche Baukunst, unsre Baukunst, da der Italiäner sich keiner eignen rühmen darf, vielweniger der Franzos[5]
> (C'est moi qui souligne: Si des érudits Allemands de l'art, qui écoutent les voisins envieux, ne reconnaissent pas vos accomplissements et discréditent vos travaux alors qu' ils ne comprennent pas le mot gothique (...) C'est l'architecture allemande, notre architecture, comme les Italiens n'ont pas d'architecture qui leur soit propre, ils ne peuvent pas s'enorgueillir d'avoir leur propre style architectural, encore moins les Français peuvent-ils le faire)

C'est ainsi que Goethe, même s'il changea d'avis plus tard, en dépit de ses oppositions aux revendications des Français, se rallia au style gothique en tant que style "nothwendig und wahr (nécessaire et vrai)" (*Von Deutscher Art und Kunst*, p.123). Cette renaissance de l'art gothique de la fin du dix-huitième siècle et du début du dix-neuvième siècle ne se limita pas à ce seul pays, mais s'étendit à l'Angleterre avec les écrits de John Carter dans "the Ancient Architecture of England" (1795-1814) qui revendique lui aussi l'architecture gothique comme architecture nationale anglaise et considère que

> The following exemples will sufficiently show that the Pointed arch styles of Architecture in this kingdom, took their rise from the common changes attendant on all scientific pursuits, and from the common incidental occurences in architectural designs, and not according to the hitherto received opinion, that the Pointed arch styles were brought into this country from regions inhabited either by the Goths, the Vandals or the

> Saracens! How strange is it to hear grave and learned men dispute to which of the above people the meed of praise is to be given, for being the inventors of these wondrous species of human excellence, when they either forget, or will not own (for the sake of the argument) that the term, "Gothic Architecture," ususally applied to distinguish the pointed arch manner, has not been in general acceptance for more than a century past; and that before the time of Sir *Christopher Wren*, such an individious and oppobrious appellation was scarce ever heard of: a name conjured up to stigmatize our national architecture with an idea of barbarism, that the compilations from the works of Greece and Rome, then overwhelming the land, might shine in an assumed luster,and the more easily usurp an universal sway over our despoiled and ruined structures, once the glory of this land, and which still demand admiration from a few, who can feel for, and venerate their forms. Could these investigators but consult, in a professional way, our ancient edifices, they would soon be convinced of the long train of error into which they have been betrayed, and own that no Goth, Vandal, or Saracen, had any share in the composition of the Pointed arch styles of architecture, but that our countrymen first gave existence to this divine order, on which we presume, by our humble labours, to throw a few sparks of light to develop its darkened majesty, to long overshadowed by prejudice, and a blind partiality to foreign arts![6]

Chateaubriand, lui, y voit lui aussi un symbole de l'architecture nationale. Madame de Staël, quant à elle évoque le rôle des monuments en Allemagne et c'est à travers ses descriptions des beaux-arts que nous pouvons comprendre la position des monuments dans ce pays:

> La nouvelle école soutient dans les beaux arts le même système qu'en littérature, et proclame hautement le christianisme comme la source du génie des modernes; les écrivains de cette école caractérisent aussi d'une façon toute nouvelle ce qui dans l'architecture gothique s'accorde avec les sentiments religieux des chrétiens.Il ne s'ensuit pas que les modernes puissent et doivent construire des églises gothiques; ni l'art ni la nature ne se répètent: ce qui importe seulement, dans le silence actuel

> du talent, c'est de détruire le mépris qu'on a voulu jeter sur toutes les conceptions du Moyen Age, sans doute il ne nous convient pas de l'adopter, mais rien ne nuit d'avantage au développement du génie que de considérer comme barbare quoi que ce soit d'original. J'ai déjà dit, en parlant de l'Allemagne, qu'il y avait peu d'édifices modernes remarquables; on ne voit dans le nord en général que des monuments gothiques, et la nature et la poésie secondent les dispositions de l'âme que ces monuments font naître[7]

C'est ainsi qu'à travers ces divers témoignages littéraires européens, nous pouvons comprendre le renouveau médiéval et le rôle qu'il avait pris dans ces pays. L'art moderne n'est pas "remarquable" et le seul style digne de ce nom, selon Germaine de Staël, est le style gothique qui est inspirant. Cet intérêt renouvelé et unanime pour cette même architecture révèle une unité de pensée surprenante considérant les relations qu'avaient les pays entre eux. L'effet des voûtes ogivales, leur légèreté ainsi que l'unité de leur composition et la stabilité de l'armature parviennent à émouvoir plus d'une personne, et jouent un rôle unificateur très prisé; ainsi un écrivain allemand, Görres, a donné une description intéressante d'une ancienne église:

> On voit, dit-il, des figures de chevaliers à genoux sur un tombeau, les mains jointes; au dessus sont placées quelques raretés merveilleuses de l'Asie, qui semblent là pour attester comme témoins muets, les voyages du mort dans la Terre Sainte. Les arcades obscures de l'église couvrent de leur ombre ceux qui se reposent; on se croirait au milieu d'une forêt dont la mort a pétrifié les branches et les feuilles, de manière qu'elles ne pensent plus ni se balancer, ni s'agiter, quand les siècles comme le vent des nuits s'engouffrent sous les voûtes prolongées. L'orgue fait entendre ses sons de bronze, à demi-détruits par l'humide vapeur du temps, indiquent confusément les grandes actions qui redeviennent de la fable après avoir été si longtemps d'une éclatante vérité (*De l'Allemagne*, p.80)

Chateaubriand va, lui aussi, jusqu'à voir un parallèle entre l'architecture ogivale et la forêt primitive, ressemblant à un retour aux sources, rappelant le mythe du paradis perdu où tout n'était que beauté et pureté.

C'est ainsi que dans ce siècle troublé par les révolutions et les instabilités politiques et sociales, certains auteurs se tourneront vers l'époque médiévale en tant que période de renaissance spirituelle, économique et politique en espérant revenir à cette période de l'âge d'or perçue à travers les cathédrales gothiques. C'est du style gothique que Huysmans dira:

> C'est à Victor Hugo, à Montalembert, à Viollet-le-Duc, à Didron, que nous devons le réveil de louanges dont se pare maintenant l'art gothique, si méprisé par le XVIIe et le XVIIIe siècle, en France. A leur suite, les charistes s'en sont mêlés et ont parfois exhumé des layettes d'archives, des actes de naissance portant le nom des "maîtres de la pierre vivel" qui bâtirent les cathédrales. (...) Celui-ci: tous les architectes, tous les archéologues depuis Viollet-le-Duc jusqu'à Quicherat, n'ont vu dans la basilique ogivale qu'un corps de pierre dont ils ont expliqué contradictoirement les origines et décrit plus ou moins ingénieusement les organes. Ils ont surtout noté le travail apparent des âges, les changements apportés d'un siècle à un autre; ils ont été à la fois physiologistes et historiens, mais ils ont abouti à ce que l'on pourrait nommer le matérialisme des monuments. Ils n'ont vu que la coque et l'écorce; ils se sont obnubilés devant le corps et ils ont oublié l'âme.
>
> Et pourtant l'âme des cathédrales existe; l'étude de la symbolique le prouve[8]

Pour lui, il n'est plus question de se pencher sur le problème de l'extérieur, il faut prendre un rôle plus actif et se plonger dans l'étude de la symbolique des cathédrales qui vivent. Le corps n'est pas vide, comme celui de Notre-Dame de Paris, nous précisera Huysmans, il est plein d'une "âme" qui gouverne sa destinée, et anime les personnes qui y pénètrent d'une foi tant recherchée par l'auteur. Le côté matériel lui importe peu, en ce qui le concerne, il n'y a que les entrailles de la cathédrale qui comptent, car c'est de là que part la vie. Oui, bien évidemment, il faut protéger les murs, mais ce n'est pas ce à quoi nous devons nous arrêter, il faut aller plus loin dans la protection des monuments, et en faire une protection spirituelle.

Ce renouveau médiéval que vivra le dix-neuvième siècle permet d'observer l'aspect cyclique des civilisations, et permet aux auteurs dix-neuviémistes d'effectuer un retour en arrière en littérature et en histoire; il faut rappeler que c'est justement aux douzième et treizième siècles que s'effectua le même retour en arrière, ce désir de renaissance qu'éprouvaient les gens de cette époque. La raison est toujours la même, l'instabilité de la période a fait naître des peurs, et angoisses existentielles dues à la succession mal assurée par les fils et descendants de Charlemagne, qui, depuis le traité de Verdun de 843 avaient laissé péricliter son oeuvre d'unification. C'est ainsi que le pays, affaibli par de constantes luttes de succession a eu besoin d'envisager une restructuration, d'où le desir de se purifier et faire le chemin en marche arrière. De plus, les circonstances étant plus ou moins identiques à celles du dix-neuvième siècle entré depuis peu dans la révolution industrielle, la révolution commerciale avait lieu à cette époque, et le retour aux sources ne s'accomplit que plus facilement. Ce renouveau médiéval qui avait pris place aux douzième et treizième siècles, refait alors surface au dix-neuvième siècle lors de la révolution industrielle. Il a alors semblé nécessaire d'établir des limites dans ce monde en plein progrès, et la peur de l'instabilité, les troubles économiques et sociaux qu'entraînent une telle révolution firent naître une littérature médiéviste qui avait besoin de s'exprimer pour exorciser ses terrreurs et ses angoisses. C'est donc dans la première partie du dix-neuvième siècle que le moyen-âge devient un objet de curiosité et d'étude, les auteurs se replongent dans cette période "de l'âge d'or" (qui avait été condamnée à la Renaissance pour son ignorance et son obscurité).

Il semble ensuite nécessaire de définir ce qu'on entend par architecture et sa représentation en tant qu'oeuvre d'art incorporée dans une autre oeuvre d'art, qui est ce sur quoi nous allons nous pencher dans cette étude.

Selon l'Encyclopédia Universalis

> Jusqu'au siècle dernier, l'architecture se définissait par le rapport spatial des vides et des pleins; cette configuration était elle-même subordonnée aux considérations de poids et de résistance. Ces deux notions demeuraient empiriques; le travail de maçonnerie recherchait un équilibre naturel entre les contraintes extérieures et intérieures, dans les cas les plus difficiles, commes les coupoles et les voûtes, l'expérience et l'intuition suppléaient l'absence du calcul scientifique sur la résistance des matériaux[9]

D'autre part, l'étymologie nous apprend que le mot est composé de "tecture" qui présuppose l'action de bâtir, le "tektonicos" étant le charpentier; quant au terme "archè", une définition d'Aristote nous apprend que "*Principe* (archè) se dit d'abord du point de départ pour chaque chose" (*Métaphysique*, 1, 1012 b 39) et présente l'architecte comme le premier ouvrier, le premier rédacteur/ créateur de civilisations. Giedion dans son oeuvre *Space, Time and Architecture* développe le concept d'architecture universelle, génitrice de civilisations à travers les siècles:

> [the emanating force of architecture] is generated by the respect it has given to the eternal cosmic and terrestrial conditions of a particular region [which] have served as springboards for the artistic imagination. It has often been remarked that the painting of this century [19th] has again and again driven boreholes into the past, both to renew contact with spiritual forebears and to draw new strengths from these contacts. As in architecture, this is not achieved by adopting the forms of the past but by developing a spiritual bond[10]

Ce respect du passé, retenu par ce "spiritual bond" augure de la continuité des formes et des structures, par un lien continu sans essayer de se laver les mains du passé, mais en en tenant compte. Il n'existe pas une seule architecture, mais une pluralité de formes, toutes ayant un lien entre elles, donnant lieu à des modes de pensées, servant de déclic à la création. C'est pourquoi au dix-neuvième siècle, après l'éradication des monuments par les révolutionnaires, les auteurs sentirent le besoin de se replonger dans le passé pour se ressourcer et faire le plein d'idées. L'architecture les y a aidés, étant une des formes d'expression de la beauté existant dans le monde, et une représentation de sa complexité. De plus c'est une science qui s'est développée jusqu'à devenir extrêmement complexe et qui progresse parallèlement à l'évolution de l'être humain; ce dernier, lorsqu'il se sent menacé se tourne vers le monument pour essayer d'y trouver une réponse à ses questions. D'autre part, la majorité des auteurs dont nous allons parler se tournera vers le monument médiéval religieux, lieu de recueillement où ils espéraient trouver une aide, une solution à leurs questions et leurs peurs. Cette évolution de l'architecture a adopté plusieurs stades qui malgré cela restent reliés et s'entremêlent sans être complètement dissociés les uns des autres:

> There are three stages of architectural development. During the first stage (...) space was brought into being by the interplay between volumes. This stage encompassed the architecture of Egypt, Sumer and Greece. (...) The second space conception began in the midst of the Roman period when interior space and with it the vaulting problem started to become the highest aim of architecture. The Roman Pantheon with its forerunners marks its beginnings. During the second space conception, the formation of interior space became synonymous with hollowed-out interior space (...) The nineteenth century forms an intermediary link. A spatial analysis of its buildings indicates that elements of all the different phases of the second stage are simultaneously intermingled(...) the third space conception set in at the beginning of this century with the optical revolution [11]

L'architecture étant une oeuvre d'art, car elle manifeste une certaine volonté esthétique de l'auteur/artiste, nous aimerions étudier l'intégration de l'architecture dans une autre oeuvre d'art: la littérature. N'oublions pas les vers célèbres de Théophile Gautier dans "L'Art" (1857): "Sculpte, lime, ciselle: /Que ton rêve flottant/Se scelle/ Dans le dur bloc résistant!" (p.130). Ces vers impriment dans la pierre des murs les pensées de l'auteur, qui devient l'architecte de la littérature en construisant ses propres monuments élevés à la postérité, imprimés sur des pages blanches. Ils suivent de quelques années le poème intitulé "Moyen Age" dans lequel T. Gautier décrit les "vieux chateaux gothiques" car il aime

> Leurs toits d'ardoise, aux reflets bleus et gris
> Aux faîtes couronnés d'arbustes rabougris,
> Leurs pignons anguleux, leurs tourelles aiguës,
> Dans les réseaux de plomb leurs vitres exiguës,
> Légende des vieux temps où les preux et les saints
> Se groupent sous l'ogive en fantasques dessins;
> Avec ses minarets mauresques, la chapelle
> Dont la cloche qui tinte à la prière appelle;
> J'aime leurs murs verdis par l'eau du ciel lavés,
> Leurs cours où l'herbe croît à travers les pavés,
> Au sommet des donjons leurs girouettes frêles

Que la blanche cigogne effleure de ses ailes;
Leurs ponts-levis tremblants, leurs portails blasonnés
De monstres, de griffons, bizarrement ornés,
Leurs larges escaliers aux marches colossales,
Leurs corridors sans fin et leurs immenses salles,
Où comme une voix faible erre et gémit le vent,
Où, recueilli dans moi, je m'égare rêvant,
Paré de souvenirs d'amour et de féerie,
Le brillant moyen âge de la chevalerie[12]

Cet étalage de souvenirs médiévaux dévoile l'attrait que représentait le moyen-âge au dix-neuvième siècle, de par sa magnificence, et la grandeur de ses lieux. Gautier n'est bien évidemment pas le seul poète de son époque a évoquer le moyen-âge et nous aimerions nous concentrer plus particulièrement sur le roman au dix-neuvième siècle et le rôle qu'a pu jouer le monument médiéval dans la conception des ouvrages.

Pour Sainte-Beuve, le monument comme le moyen-âge jouent un rôle important dans l'histoire, c'est ainsi que selon lui:

> on est revenu de nos jours à ce merveilleux tant qu'on a pu, par l'imagination, par la résurrection des choses du Moyen-Age, par un enthousiasme d'artiste, d'archéologue, de romantique encore plus que de chrétien. Nous avons vu commencer ce mouvement, nous le voyons finir et être même plus court qu'une vie d'homme. Au point de vue historique, ç'a été peut-être une excursion heureuse, une brillante croisade du goût: au point de vue pratique et moral, qu'en est-il resté?[13]

Au vingtième siècle, le sujet de l'influence du moyen-âge au dix-neuvième siècle a été longuement débattu; cependant, aucun des auteurs n'a traité la question de l'évolution du monument médiéval à travers les différents genres littéraires du dix-neuvième siècle. Pierre Citron, il est vrai, a effectué une étude sur la poésie de Paris dans son oeuvre séminale *La poésie de Paris dans la littérature française de Rousseau à Baudelaire*, de même Jean Maillon traite l'aspect architectural de la ville dans *Victor Hugo et l'art architectural*, et bien sûr Patricia Ward dans *The Medievalism of Victor Hugo* développe l'influence du moyen-âge sous différents aspects. Depuis les années soixante-dix, l'approche de l'art gothique n'a été qu'une suite continuelle des remises en cause des théories abordées au dix-neuvième siècle. La théorie fontionnaliste élaborée par Viollet-le-Duc avait eu une emprise telle que toutes les études tournaient autour de ses théories, sans vraiment chercher ailleurs ce qu'il en était. Ce n'est qu'aujourd'hui qu'elles sont remises en question et qu'elles donnent lieu à d'autres théories, démystifiant ainsi le rôle joué par Viollet-le-Duc.

Dans l'étude que nous nous proposons de faire nous aimerions développer l'idée du monument médiéval en tant que témoin de l'histoire de l'humanité, en étudiant le rôle qu'il joua au dix-neuvième siècle dans les différents mouvements littéraires que sont le romantisme, le naturalisme et l'esthétisme décadent, et en étudiant l'évolution de la conception du monument et de ce retour aux sources anciennes dans les auteurs suivants.

Dans un premier chapitre, il s'agit de mettre en oeuvre les actants de cette thèse, et de jeter les bases du renouveau médiéval au dix-neuvième siècle, ce que nous allons faire à travers une première étude concernant une première période de restauration. Dans cette première partie, il est nécessaire de cerner le problème et d'adresser la question de l'importance des monuments dans la littérature de la fin du dix-huitième, début du dix-neuvième siècle. C'est à travers les oeuvres de Volney tout d'abord, puis de Chateaubriand que nous évoquerons et traiterons en premier lieu l'état physique des monuments avant de nous occuper de leur statut littéraire. Chacun des deux auteurs que nous allons étudier se tournera vers le monument historique comme borne marquant toute une civilisation, et qui, se trouvant en danger, signale le mal être que traverse pays. C'est ainsi que le monument agit comme reflet de la civilisation de l'époque, et c'est en tant qu'indicateur qu'il a comme mission d'alerter la population. C'est à travers le travail de Volney et de Chateaubriand sur les ruines des civilisations que les lecteurs s'éveilleront au danger encouru. Ces deux ouvrages sur les ruines mèneront à un lent travail de reconstruction par les auteurs suivants. Car, cette restauration historique se transformera en restauration littéraire et reconstruira peu à peu le patrimoine historique de la France. En effet, le révolution ayant laissé le pays saigné à blanc, il devient nécessaire de tout refaire, et pour avoir des points de repère une des solutions se trouve être le retour vers le moyen-âge du XIIe et XIIIe siècle, période de renaissance. Le modèle une fois établi, il ne reste plus aux auteurs suivants qu'à s'inspirer de cette tradition et essayer de faire redémarrer le pays en prenant appui sur d'anciennes bases.

Dans un deuxième chapitre, nous traiterons la restauration problématisée par Victor Hugo dans son oeuvre séminale *Notre-Dame de Paris* où il est question de la cathédrale en tant que personnage à part entière, établit pour dominer la capitale. Il s'agira au premier abord de s'occuper du bâtiment en tant que tel et d'étudier les différentes restaurations effectuées par Viollet-le-Duc, puis de développer le thème de la cathédrale. L'unité nécessaire à la survie du pays ne régnant plus au dix-neuvième siècle, seul le monument est capable de maintenir cette structure et éviter la fragmentation. *Notre-Dame de Paris* est un livre exprimant une certaine mise en abyme reflétant la structure de la société, ainsi que la profondeur du problème ambiant. Tout dans cet ouvrage s'emboîte parfaitement, car les personnages sont des personnages aux idéaux médiévaux, qui font partie d'un tout plus vaste: le monument gothique médiéval représenté par Notre-Dame de Paris, dans laquelle ils sont protégés pendant quelques temps, et où ils goûtent cette pureté médiévale tant recherchée. Cette structure est en fait le support d'un infiniment plus grand: le livre-cathédrale, qui renforce l'impact donné par la beauté et la force de la cathédrale. Le livre prend en quelque sorte le relais de la cathédrale en tant que dictionnaire de l'humanité. Le scripteur, qui avait tant prôné la domination de l'écrit sur la pierre à la suite de l'invention de l'imprimerie part Gutenberg, triomphe et remplace la pierre et son héritage par le papier et sa multiplicité, remplaçant en cela la pérennité de la pierre. Le retour aux sources du moyen-âge est-il toujours possible? La question se pose très vite, mais semble ne trouver qu'une réponse négative, car le seul moment de paix ne peut s'effectuer que sous la voûte de la cathédrale, et une fois à l'extérieur, le monde du quinzième siècle triomphe de nouveau. Après les ruines, le renouveau médiéval resitué à l'époque de cette transition, entre le moyen-âge et la renaissance, semble n'être qu'un mythe et laisser les lecteurs sans solution précise. C'est alors que nous étudierons l'effet de ce retour aux sources du moyen-âge chez un auteur célèbre pour son évolution à travers les genres: Joris-Karl Huysmans.

Dans ce troisième chapitre intitulé "une regain d'espoir", nous allons traiter la question de la quête de l'auteur à travers les différents genres littéraires auxquels il aura recours avant de trouver la solution qui lui conviendra le mieux. C'est à travers son oeuvre littéraire d'*A rebours* à *L'oblat* que nous pourrons voir évoluer cet auteur et étudier le rôle du monument médiéval dans ses ouvrages. Son parcours sera encombré d'échecs qui ne seront qu'une suite de remises en question sur le pourquoi de la vie. L'intérêt de l'étude de Huysmans est que c'est à travers les oeuvres d'art que ses sens entrent en action, et c'est à travers les cathédrales et les monuments médiévaux que le scripteur tentera de trouver une réponse à ses questions. Il devra pour cela se replacer dans un contexte médiéval et évoluer dans des espaces temporels différents. En effet, il repartira dans les *Là-bas*, au quinzième siècle, avec le personnage de Gilles de Rais et les atrocités que l'on connaît, avant de prendre une autre direction et se tourner vers un espace temporel d'une nature différente: l'espace spirituel. En effet, c'est à travers ses ouvrages de la conversion que le scripteur trouvera une réponse à ses questions à l'intérieur des cathédrales qu'il visitera. La cathédrale n'est plus un simple monument, elle devient le symbole de la conversion, l'instrument de salut vu à travers la perspective chrétienne du scripteur. La cathédrale se remétamorphose en livre ouvert dans lequel ce même scripteur déchiffre le message divin où présent, passé et avenir se fondent, pour devenir intemporels. Le retour vers le moyen-âge devenant une possibilité de plus en plus éloignée, il devient important de se tourner vers l'oeuvre d'Emile Zola dans laquelle nous étudierons le mouvement de retrait des monuments médiévaux.

Dans le dernier chapitre nous évoquerons *Le Ventre de Paris* et *Au bonheur des Dames*, deux des oeuvres d'Emile Zola qui symbolisent l'échec du médiévisme et la montée du monde moderne à Paris. Nous aborderons donc la question de la disparition de l'ancien et de l'apparition des structures architecturales modernes. Après l'âge de pierre, nous assistons à la prépondérance de l'âge de fer qui domine la ville à travers tous les monuments cités. Cependant, cette étude se révèlera pleine de points d'interrogation, car dès le départ, nous nous trouvons face à un dilemme, celui de savoir si la modernité est vraiment l'élément triomphateur. C'est ainsi qu'en étudiant les cathédrales des temps modernes: les Halles de Paris et les grands magasins, nous pourrons voir l'évolution de cette modernité. C'est également en étudiant l'histoire de Paris à l'heure de la révolution industrielle et son évolution jusqu'à nos jours, que nous pourrons vraiment atteindre le coeur du problème et décider si les monuments anciens, particulièrement l'église Saint-Eustache dans ce chapitre, ont perdu la partie. C'est tout au long de ces différents chapitres traitant l'évolution du monument à travers les mouvements littéraires du dix-neuvième siècle que nous pourrons vérifier si le renouveau médiéval était vraiment une possibilité envisageable et quelles en étaient les modalités. La conclusion essayera de faire la synthèse de cette étude et d'examiner le sort des monuments au vingtième siècle, le retour aux sources du moyen-âge s'avère-t-il vraiment être un échec, le bâtiment moderne va-t-il vraiment prendre le pas sur l'ancien, le passé est-il véritablement révolu? Ce sont autant de questions auxquelles nous tâcherons d'apporter des solutions dans une conclusion à cette étude.

NOTES

---

[1]*Nouveau Larousse Universel*, Tome II [Paris: Librairie Larousse, 1949] 245.

[2]Abbé Grégoire, "rapport sur les destructions opérées par le vandalisme et sur les moyens de le réprimer." *Oeuvres de l'abbé Grégoire: Grégoire député à la convention nationale.* Tome II [Paris: Editions d'Histoire Sociale, 1977] 276-7.

[3]Quatremère de Quincy, *Considérations morales sur la destinations des ouvrages de l'art*, [Paris: Librairie Arthème Fayard, 1989] 69-70.

[4]Nora, Pierre, *La nation* in *Les lieux de mémoire*, Tome II [Paris: Editions Galimard, 1986] 598-99.

[5]Edna Purdie Ed., *Von Deutscher art und Kunst*, [Oxford: Clarendon Press, 1924] 128.

[6]John Carter, *The Ancient Architecture of England*, [London: Henry G. Bohn Ed., 1845] 32.

[7]Madame de Staël, *De l'Allemagne*, Tome II [Paris: Garnier-Flammarion, 1968] 79-80.

[8]Joris-Karl Huysmans, *Trois églises et trois primitifs*, [Paris: Librairie Plon, 1908] 3-4.

[9]Encyclopédia Universalis, Corpus 2 [Paris: Encyclopedia Universalis France SA, 1989] 842.

[10]Gidieon, *Space, Time and Architecture*, [Cambridge: the Harvard University Press, 1949] xxxvii.

[11]Gidieon, lv-lvi.

[12]Théophile Gautier, *Poésies complètes*, Tome I [Paris: Nizet, 1970] 4.

[13]Sainte-Beuve, *Port-Royal*, Tome III, liv. VI [Paris: Librairie Gallimard, 1955] 219-220.

Chapitre I

La restauration

Alors que le dix-neuvième siècle sortait tout juste du chaos révolutionnaire avec le Consulat, Napoléon prit le pouvoir; c'est ainsi que ce siècle qui venait à peine de naître allait se replonger dans une période tumultueuse qui, de 1800 à 1900 verra se succéder sept régimes politiques: le Consulat (1799-1804), l'Empire (1804-1814,1815), la Restauration (1814-1815, 1815-1830), la Monarchie de Juillet (1830-1848), la Seconde République (1848-1851) le Second Empire (1852-1870), et la Troisième République (1870-1940). Après une innombrable série de gouvernements, aussi instables les uns que les autres, et une multitude de gouvernants, le dix-neuvième siècle prendra fin sans avoir véritablement résolu les problèmes politiques, économiques et sociaux qui l'étouffaient. C'est de la révolution de 1848 que Lukàcs dira:

> [it] means a decisive alteration in class groupings and in class attitudes to all important questions of social life, to the perspective of social development[1]

Cependant ces actions, ces changements de moeurs et d'attitudes ne résolvèrent pas le problème de l'époque et la stabilité politique ne fera surface que bien plus tard avec la Constitution de la Cinquième République. C'est à l'historien du dix-neuvième siècle; Michelet, qu'il revient d'analyser dans sa préface de 1847 la situation à postériori et les conséquences de la révolution sur le reste du pays. Son analyse n'en sera que plus déprimante, car pour lui la révolution n'a laissé en héritage qu'un vaste champ de ruines, et il la décrit comme un événement sans véritable substance, n'ayant eu qu'un résultat négatif:

> Le Champs de Mars, voilà le seul monument qu'a laissé la Révolution ... L'empire a sa colonne, et il a pris encore presque à lui seul l'Arc de Triomphe; la royauté a son Louvre, ses Invalides; la féodale église de 1200 trône encore à Notre-Dame; il n'est pas jusqu'aux Romains, qui n'aient que les Thermes de César.
> Et la Révolution a pour monument... le vide ...
> Son monument, c'est ce sable, aussi plan que l'Arabie ... un *tumulus* à droite et un *tumulus* à gauche, comme ceux que la Gaule élevait, obscurs et douteux témoins de la mémoire des héros....[2]

C'est en comparant la révolution de 1789 à "sa jeune soeur de 1848" (*Histoire de la révolution Française*, p.9) que Michelet établira des éléments de comparaison entre les deux événements et il laissera aux lecteurs le soin de tirer leurs propres conclusions sur la situation du dix-neuvième siècle. Le narrateur fait passer son message en mentionnant que "travaillant seul sur les ruines d'un monde, je pus croire un moment que je restais le dernier homme" (*Histoire de la révolution Française*, p.9). La répétition des événements, en ce qui concerne le caractère violant de ces révolutions, pose la question de la sûreté des habitants, et de l'instabilité constante. Ce "vide" laissé par la révolution n'est pas, contrairement à ce que pensait Michelet, un véritable vide, c'est en fait un non-monument mis en place pour indiquer les dévastations des différents gouvernements. Les véritables victimes de ces révolutions sont les monuments historiques qui ont subi les contre-coups des différents régimes, et qui ont été détruits ou amputés. Sa description de l'héritage ou plutôt du non-héritage de la révolution révèle le problème ambiant au sortir de la période révolutionnaire; cette destruction des monuments, et l'incapacité des dirigeants de l'époque de trouver un mode de remplacement, a laissé le dix-neuvième face à un manque, un vide architectural. Ces à-coups de l'histoire créent une instabilité, une incertitude fondamentales et les auteurs du dix-neuvième siècle, emprisonnés dans ce monde à la dérive, se tournent vers le monument médiéval qui représente pour eux la stabilité et l'espoir de soutenir une certaine forme de système politique et social à l'aide des arcs-boutants de la littérature; alors que tout s'écroule autour d'eux, l'instabilité politique est donc compensée par le goût du monument. Ces arcs-boutants se manifestent de deux façons: les monuments en eux-mêmes et le livre/monument; chacun des deux ayant comme fonction le soutien d'une structure que ce soit la société ou une cathédrale gothique.

Ce retour à l'ère gothique et plus particulièrement aux cathédrales est certainement dû en partie à la représentation que se faisait les auteurs du dix-neuvième des cathédrales, car: "The scholars of Chartres may have regarded the Creation as Symphony, but they thought of the Creator not as a musicien but as an architect" (*The Cathedral's Crusade*, p.6). C'est cette pureté dans les lignes, et cette longévité dans la construction qui y attira l'attention des auteurs. Le style gothique, qui émergea en France au douzième siècle, en Ile-de-France à l'abbatiale Saint-Denis, révèle un choix esthétique clairement défini, et le désir de le montrer, de le faire savoir. L'architecte gothique avait dans l'idée de faire l'union des masses qui n'étaient que juxtaposées dans le style roman, et c'est en utilisant l'arc-boutant qu'il liera les masses entre elles de façon à créer une dynamique verticale. C'est cet aspect des cathédrales gothiques, cette unité qui attirera plusieurs auteurs du dix-neuvième siècle. D'autre part, en ce qui concerne les cathédrales, n'oublions pas la déclaration d'Auguste Rodin, selon qui la cathédrale a une fonction symbolique privilégiée:

> L'harmonie, dans les corps vivants, résulte du contre-balancement des masses qui se déplacent: la Cathédrale est construite à l'exemple des corps vivants. Ses concordances, ses équilibres sont exactement dans l'ordre de la nature, procèdent des lois générales. (...) Comme elle est vraie, juste et féconde, la méthode de nos vieux maîtres du XIe au XIIIe siècle! Cette méthode, c'est, en grand et dans l'union de toutes les forces surhumaines d'une époque, la méthode même de nos activités individuelles (...) c'est la collaboration perpétuelle de l'homme avec la nature. (...) La cathédrale

> est la synthèse du pays. Je le répète: roches, forêts, jardins, soleil du Nord, (...), toute notre France est dans nos cathédrales[3].

La cathédrale scelle le pacte de la civilisation, car elle représente la réunion du corps et de l'esprit et c'est en son sein que les êtres peuvent enfin se retrouver. Elle représente: "ordre", "union", "collaboration" et "synthèse" dans un pays en proie à de multiples changements. Il est certain que l'artiste est ici à la recherche d'une harmonie, d'un équilibre que lui fournit la cathédrale. La cathédrale est érigée selon les lois de la nature, elle n'est considérée que comme une extension de cette même nature. Ce qui rejoint en fait la pensée de Chateaubriand dont nous reparlerons plus tard. La cohésion, nécessaire à la vie des êtres humains, est en quelque sorte retrouvée au sein de la cathédrale, lors des sermons hebdomadaires. De plus, les matériaux même servant à la construction d'une cathédrale sont empruntés au sol, à la terre, et façonnés par les sculpteurs. N'oublions pas que depuis la légende de Prométhée, procréateur du genre humain (il créa les mortels en les façonnant avec de la terre glaise), les pierres conservent une odeur humaine, elles descendent du ciel pour s'élever de nouveau vers lui.

Il en découle que lors des périodes d'instabilité les premiers bâtiments atteints furent les cathédrales, symboles d'unité et de cohésion, et de la construction d'une cathédrale à la destruction de ce même édifice le pas fut vite sauté. C'est également le premier monument vers lequel se tourneront les êtres humains en cas de doute, et de crise de conscience, car les cathédrales figurent par excellence stabilité et pérennité.

Il ne faut pas oublier l'effet culturel de l'abolition des cultes dont la destruction avait comme dessein de "diviser pour mieux régner", en affaiblissant l'église et les structures qu'elle avait mises en place. Le résultat fut que la population, sans lieux de réunions ni de recueillement, se trouva divisée, éparpillée, en un mot affaiblie vis-à-vis des forces adverses. Les adversaires de la renaissance médiévale faisaient leur possible pour éviter toute protection des monuments historiques, de plus certains édifices furent livrés au vandalisme et au dépouillement de leurs biens immeubles. La politique athée des ultra-révolutionnaires (les Hébertistes), entraîna une déchristianisation, ainsi que la perte de toute morale chrétienne. L'esprit de corps qui aurait pu régner parmi les fidèles cessa d'exister, car les nouvelles ne passaient plus de la même façon, et les gens ne se voyaient plus aussi régulièrement. La force que la religion inspirait aux croyants décrut, le clergé lui-même perdit de sa vigueur et son poids diminua face au pouvoir suprême des différents gouvernements: c'est à postériori que la Révolution

> apparaît avant tout comme une *entreprise de démolition de de la vieille France, d'abolition du passé d'une grande nation* méthodiquement organisée par des idéologues et des démagogues, assez bornés pour croire que le progrès consiste à renier le passé pour repartir de zéro sur de nouvelles bases, comme si l'histoire de France commençait le 14 juillet 1789[4]

Cette négation du passé lors de la Révolution résulta en une démolition complète de la France traditionnelle, et du rejet de tout ce qui était ancien. Les "nouvelles bases" sur lesquelles elle était fondée n'ont été que bien fragiles et ce mouvement révolutionnaire n'a pas duré.

La raison pour laquelle nous retrouvons des descriptions de vieux immeubles impliquant une identification du texte et du bâtiment selon le topos *exegi monumentum* au dix-neuvième siècle est due aux troubles de l'époque. Cette réaction n'est en fait qu'une manière de compenser l'absence d'institutions unificatrices, les lieux saints qui autrefois étaient des lieux de réunions, et qui de par leur disparition avaient dû être remplacés par d'autres bâtiments. C'est alors que cette rhétorique de la certitude devient nécessaire pour remplacer l'incertitude, qui ébranle le monument/cathédrale. En effet, dès qu'il s'agit d'ancrer un siècle à la dérive, le retour sur le passé devient une réalité et représente la stabilité perdue que les auteurs essayent de redécouvrir. Evidemment, chacun des auteurs utilisera la représentation de cet objet à des fins personnelles selon ses propres croyances.

Des textes tels que les descriptions pittoresques, la défense de la vieille architecture par Taylor, Cailleux et Nodier dans *Les voyages pittoresques et romantiques dans l'ancienne France*; par Hugo avec son célèbre poème "La bande noire"; par Alyosius Bertrand dans *Gaspard de la nuit*; le roman historique; et par Théophile Gautier dans "L'art poétique", sont quelques-unes des tentatives pour remettre en valeur le passé d'avant la révolution. Dans *Gaspard de la nuit*, le scripteur reconstitue la ville de Dijon et atteste d'un

> Dijon d'aujourd'hui, un Dijon d'autrefois. (dans lequel) [le narrateur eût] bientôt déblayé le Dijon des 14e et 15e siècles, autour duquel courait un branle de dix-huit tours,

> de huit portes et de quatre poternes ou *portelles*, - - le Dijon de Philippe-le-Hardi, de Jean-sans-Peur, de Philippe-le-Bon, de Charles-le-Téméraire, - - avec ses maisons de torchis, à pignons pointus comme le bonnet d'un fou (...) - - avec ses églises, sa sainte chapelle, ses abbayes, ses monastères (...) J'avais galvanisé un cadavre et ce cadavre s'était levé[5]

Le scripteur devient architecte et une ville entière s'anime sous la plume de ce créateur qui a le pouvoir de faire renaître tout ce qui a pu être détruit sous la révolution. Non seulement le scripteur devient architecte, mais il se transforme en archéologue et "déblaie" la ville pour la redécouvrir dans un contexte médiéval. Cette reconstitution est une des seules possibilité de faire revivre le passé et l'écriture est le moyen dont dispose les auteurs pour revivre des événements d'une période engloutie. Cette reconstitution livresque est une façon de prévenir les gens et de leur montrer les dégâts survenus, car selon le narrateur Dijon

> n'est plus que l'ombre d'elle-même. Louis XI l'avait découronnée de sa puissance, la Révolution l'a décapitée de ses clochers. Il ne lui reste plus que trois églises, d'une sainte-chapelle, de deux abbayes et d'une douzaine de monastères. (...) Et moi, j'errai parmi ces ruines comme l'antiquaire qui cherche des médailles romaines dans les sillons d'un *castrum*, après une grosse pluie d'orage (*Gaspard de la nuit*, p.16)

Cette errance du narrateur à travers les vestiges de la ville montre à quel point la révolution avait laissé des traces indélébiles sur les êtres humains, mais aussi sur les monuments indicateurs de civilisations. L'image du clocher "décapité" est choquante dans sa cruauté et sa véracité, et témoigne une fois de plus de la violence perpétrée par les révolutionnaires. L'architecture, étant l'écrivain de l'histoire, il est donc évident que les secousses et les destructions de la période révolutionnaire allaient laisser des séquelles importantes sur ces ouvrages d'art. Les "vestiges" qui ont survécu à ce désastre sont en fait encore plus parlant que si rien n'avait été intenté contre les bâtiments, ils signalent donc l'effet destructeur qu'a eu la révolution en voulant se débarrasser des symboles d'un pouvoir trop fort, fonctionnant en parallèle avec la royauté absolue.

Chaque auteur aura sa propre vision, et interprétation du rôle du monument, et pour Hugo, il s'agit de sauver ce qui doit être sauvé en reflétant tel quel l'Ancien Régime, c'est une prise de conscience d'un passé en train de disparaître et une tentative de la part du scripteur de faire face à la réalité.

En ce qui concerne les monuments, il semble nécessaire d'établir leur statut historique avant d'étudier leur statut littéraire, c'est pour cette raison que nous allons établir une liste des différents monuments et de leur statut architectural.

Dès le dix-huitième siècle, alors que les différents gouvernements tentèrent de préserver certains monuments, beaucoup de ces édifices furent détruits. Le vieil adage latin "tempus edax, homo edacior" sembla se vérifier à cette époque, car les Jacobins se livrèrent à un vandalisme anti-chrétien, et tentèrent d'instituer le culte de l'Etre suprême. Rappelons-nous que le terme "profanation" signifie: avilissement, dégradation, violation et ce qui arriva aux personnes physiques pendant la révolution eut les mêmes résultats sur les bâtiments, le degré de profanation atteint alors toutes les couches de la société. Selon Wilhelm Treue

> With the outbreak of the French Revolution (...), the domain of art shared in the general upheaval (...) When in 1789 the French people created its new state on new principles, these principles found wide application in a new attitude to art. As all power proceeded from the people and had to serve it, works of art also belonged to the people and had to be at its service (...) [therefore] without the slightest concern for historical associations or respect for the rights of ownership, castles, churches and monasteries were stripped of their treasures[6]

La liste que nous allons dresser n'est certes pas exhaustive, mais elle nous donnera un aperçu de l'état des lieux. Dès 1791, la cathédrale de Chartres est livrée au pillage, alors qu'en 1794 Notre-Dame devient un magasin de vivres et révèle des portails vidés de statues, des vitraux défoncés, et à l'intérieur autels et tombeaux ont disparu. Les églises paroissiales du moyen-âge telles que Saint-André-des-Arts, Saint-Hippolyte pour n'en citer que quelques-unes sont démolies. C'est Montalembert qui souligne que la préservation des monuments païens domina celle des monuments religieux, et il en fit la constatation suivante dans *La Revue des Deux Mondes*:

> On ne parvient pas à fléchir les divans provinciaux, les savants de l'Empire, qu'en invoquant le respect dû au paganisme. Si vous pouvez leur faire croire qu'une église du genre ***antégothique*** a été consacrée à quelque dieu romain, ils vous promettront leur protection, ouvriront leurs bourses, tailleront même leur plume pour honorer votre découverte d'une dissertation (...) Je [le narrateur] ne veux citer que la cathédrale d'Angoulême dont la curieuse façade n'a été conservée que parce qu'il a été gravement établi que le bas-relief du Père éternel, qui y figure entre les symboles consacrés aux quatre évangélistes, était une représentation de Jupiter. On lit encore sur la frise du portail de cette cathédrale: *Temple de la Raison*[7]

En effet, la religion ayant été mise à l'écart tout d'abord, au profit de l'athéisme et quelques temps plus tard à celui du culte de l'Etre suprême (institué par le décret du 18 floréal an II), les différents gouvernements ne voulaient en aucun cas participer à la restauration d'oeuvres chrétiennes et ce fut le début de la destruction des monuments religieux:

> L'expropriation de l'Eglise n'est que le premier acte de la politique anti-religieuse de la Révolution. Le second fut la *Constitution Civile du clergé* qui fut votée le 12 juillet 1790 (...) [et] le 17 août, l'Assemblée "considérant que les bâtiments et les terrains occupés par les religieux et les religieuses offrent de grandes ressources à la nation, qu'il importe de les libérer, qu'il n'importe pas moins de dissiper le reste de fanatisme, auxquels les ci-devant monastères présentent une trop facile retraite, décrète: à partir du 1er octobre 1792, *toutes les maisons actuellement occupées par des religieux seront évacuées et mises en vente*[8]

Il apparaît que si pour certains monuments historiques des fonds de conservation furent établis[9], ce fut au dépens des monuments religieux que les révolutionnaires ne comptaient pas défendre. Certains monuments religieux furent profanés et utilisés à des fins séculaires, d'autres furent tout simplement mutilés, ou détruits, en un mot rasés.

Par conséquent, la religion fut mise à l'écart à cause du pouvoir grandissant des membres du clergé; il en résulta que les bâtiments représentant le pouvoir de l'église furent altérés. Le monument en tant que symbole d'une institution devient un objet de rejet, à cause de la menace éventuelle qu'il dégageait, et il devint alors nécessaire de le détruire. Une des manifestations représentative de la peur qu'inspiraient les monuments religieux aux révolutionnaires eut pour conséquence que l'un des ordres donné par les Jacobins à l'encontre des monuments ecclésiastiques fut d'interdire les clochers, car leur position dominante sur les autres édifices était contraire aux principes révolutionnaires d'égalité (cette considération reprend en quelque sorte, bien que pour des motifs différents, celle de Saint Bernard de Clairvaux qui, au douzième siècle, s'opposa à la construction des clochers cisterciens contraires à la modestie de l'ordre). Quelles qu'en soient les raisons, le résultat est criant de similitude; les monuments apparaissent comme des objets entre les mains d'individus qui les modèlent à leur aise. Chaque régime, ordre, ou personne se croit capable de modifier, de dégrader, ou d'altérer un édifice selon ses croyances et ses désirs. Cet édifice est alors, tel une personne, privé de son intégrité physique, mutilé, réduit à n'être qu'une partie du tout. Au lieu d'être un édifice à part entière, il ne devient qu'un des éléments composant le tout, sa force et son pouvoir vont s'amenuisant et il perd tout pouvoir de contrôle, vérifiant ainsi la théorie selon laquelle il faut diviser pour mieux régner.

Un autre témoignage de l'état des monuments français revient à Pierre Léon, membre de l'Institut et directeur général honoraire des Beaux-Arts, dans son oeuvre sur *La vie des monuments français: destruction, restauration*; qui dressa un inventaire de l'état des lieux de la période pré-révolutionnaire jusqu'au vingtième siècle. Il tenait à signaler que malgré les tentatives de restauration et de préservation, les monuments ne purent tous être conservés en fonction de la période troublée que le pays traversait. Même si “une des tâches essentielles qui s'imposa à la Commission des Monuments historiques, dès le début de ses travaux, fut d'effacer les traces laissées dans les édifices par le vandalisme révolutionnaire”[10], le vandalisme ayant déjà eu lieu, il était très difficile de réparer les erreurs du passé. Selon lui:

> l'institution du culte décadaire devait continuer à l'intérieur des églises l'oeuvre de dévastation. Le déploiement des importants cortèges qui prennent part aux fêtes de la Raison oblige à débarasser les nefs de tout

> ce qui peut gêner la circulation: jubés, clôtures, tombeaux. (...) Les églises ainsi dévastées, au nom de la Liberté et de la Raison, devaient être atteintes dans leur existence même par le vandalisme d'utilisation. Tous les matériaux de nature à servir à la défense nationale, tous les objets dont la vente pouvait procurer des ressources au Trésor furent inventoriés et enlevés[11]

En fait, cette destruction n'est pas totale puisque la réutilisation des matériaux dans d'autres constructions présuppose un semblant de permanence, de vie sous une autre forme. Cependant, tout ne fut pas détruit, et les monuments ayant survécus à la folie dévastatrice révolutionnaire durent être restaurés, c'est alors que la controverse sur les restaurations fit son apparition, de plus "l'ignorance archéologique qui régnait sur les systèmes de construction employés au Moyen-Age ne laissaient souvent d'autres ressources que de démolir les parties les plus menacées" (*La vie des monuments français: destruction, restauration*, p. 362). Les destructions de la révolution laissèrent de grands vides dans le patrimoine historique du pays et c'est pour cela que dès le début des grandes restaurations Anatole Leroy-Beaulieu précise que:

> il nous est arrivé en architecture, écrit-il, ce qui arrive en histoire naturelle. Nos divisions et nos classifications, nos définitions et nos formules ont été plus marquées, plus exclusives que ne le comportaient les choses elles-mêmes. (...) Or un monument n'est pas seulement une oeuvre d'art, c'est un document. Excuse-t-on la falsification des monuments écrits? Ira-t-on, en réimprimant Joinville et Charles d'Orléans, redresser leurs fautes ou leurs incorrections en profitant des progrès de la philologie? La question n'est pas de faire mieux, mais de respecter ce qui existe[12]

Qu'en est-il alors du statut du monument? Il s'agit d'en donner une définition de manière à observer l'utilisation qui en est faite par les précurseurs: Volney et Chateaubriand. D'après le *Dictionnaire du dix-neuvième siècle*, l'étymologie du terme "monument" proviendrait de *monere*, avertir. "[c'est un] ouvrage considérable d'architecture ou de sculpture, destiné à perpétuer le souvenir de quelque fait important ou de quelque homme remarquable. (...) Par analogie: oeuvre durable, dans un genre quelconque" (p.531). Il est certain qu'il s'agit d'une fausse étymologie qui est issue non pas de "monumentum" signifiant rappel, mais de "monere", avertir, qui est une des interprétation de l'étymologie. La destruction des monuments est ironique car elle prévient du côté périssable d'un monument qui est un signal en soi, auquel les êtres humains du dix-neuvième auraient dû prêter atttention. Cette définition présuppose l'idée de permanence, qui semble tout à fait contradictoire et paradoxale à la lumière de l'argument de Volney et de Chateaubriand, pour qui le monument est une oeuvre périssable dont la survie dépend des efforts vigilants des êtres humains.

Chez les deux auteurs du tournant du siècle que nous allons étudier tout d'abord, le goût du monument semble s'associer pour l'un à un certain conservatisme politique, alors que pour le second il semble s'associer à la soumission à l'ordre providentiel. En effet, Volney traite de l'avenir politique de l'être humain, alors que Chateaubriand évoque le Dieu tout-puissant dirigeant la destinée de ce dernier. Nous examinerons donc la perspective de Volney, puis celle de Chateaubriand sur les monuments, et nous essayerons d'en dégager une philosophie.

Vers la fin du dix-huitième siècle, les monuments cèdent la place aux ruines qui deviennent prépondérantes dans la littérature. D'après le *Dictionnaire du dix-neuvième siècle*, le terme de ruine viendrait du latin "ruina" de "ruere", détruire, représentant la démolition d'un bâtiment, d'un ouvrage de maçonnerie; les décombres, restes, débris d'un ou de plusieurs édifices. Cette étymologie reflète le dépérissement du monde connu et révèle un nécessaire retour aux sources, de manière à faire examiner les causes du mal et à résoudre les maux de la société.

Après avoir formulé cette définition, nous comparerons les travaux de Volney à ceux de Chateaubriand, car les deux auteurs, à quelques décennies d'écart, traitent le sujet des ruines, qui devient récurrent dans la littérature de la fin du dix-huitième, et du début du dix-neuvième siècle. Volney développe une vision volontariste et progressiste avec son "Génie des tombeaux et des ruines" et présente une étude rétrospective de la situation dans *Les ruines ou méditation sur les révolutions des empires*, ouvrage où il essaie de stabiliser la société française à l'aide de ses écrits en lançant à la population un cri d'alarme dans cette fin de siècle bouleversée. S'étant installé sur les rives de l'Euphrate pour contempler le paysage, il se trouve submergé d'une multitude d'émotions, de réflexions qui lui permettent de deviner l'attitude de la race humaine:

> dans la plaine, la scène de ruines la plus étonnante: c'était une multitude innombrable de superbes colonnes debout, qui telles que les avenues de nos parcs, s'étendaient à perte de vue en files symétriques (...) Ces lieux solitaires, cette soirée paisible, cette scène majestueuse, imprimèrent à mon esprit un recueillement religieux (...) tout éleva mon coeur à de hautes pensées (...) je m'abandonnai à une rêverie profonde[13]

Face aux mutilations encourues par les différentes civilisations, le narrateur se sent parcouru d'une rage intérieure et "[s]es yeux se remplirent de larmes" (*Ruines*, p.15). Il s'inspire donc des monuments "païens" qui résument bien cette fin de siècle où la foi avait été remplacée par un esprit rationaliste. Le narrateur opère une réflexion sur le passé, et contemplant la gloire passée de ces cités, il pose des questions de rhétorique, telles que: "Ah! comment s'est éclipsée tant de gloire!...Comment se sont anéantis tant de travaux! Ainsi donc périssent les ouvrages des hommes! ainsi s'évanouissent les empires et les nations" (*Ruines*, p.10).

Tel Chateaubriand, Volney essaie d'invoquer l'intervention divine car peut-être qu' "un Dieu mystérieux exerce ses jugements incompréhensibles" (*Ruines*, p.15). C'est en fait à cet endroit que les deux auteurs divergent, car s'ils semblent tout d'abord se faire écho, le résultat est en fait tout à fait différent. Volney remet en question "Cette malédiction *divine* qui perpétue l'abandon de ces campagnes" (*Ruines*, p.18) et le "fantôme" harangue la foule des monuments témoins de ce chaos:

> Dites monuments des temps passés! Les cieux ont-ils changé leurs lois, et la terre sa marche? Le soleil a-t-il éteint ses feux dans l'espace? (...) Répondez, race de mensonge et d'iniquité, Dieu a-t-il troublé cet ordre primitif et constant qu'il assigna lui-même à la nature? (...) Ah! <u>c'est faussement que vous accusez</u> ! <u>le sort et la Divinité?</u> Est-ce Dieu qui en a causé la ruine? (...) ou est-ce le bras de l'homme? (*Ruines*, p.18-19)

Le Génie, qui sert de médiateur, sait que la fatalité n'y est pour rien dans la chute de l'être humain, qui doit être responsable de ses propres actions. C'est à ce moment que Volney introduit la notion de destruction par ce dernier: "la source de ses [de l'être humain] calamités n'est point reculée devant les cieux (...) elle réside dans l'homme même; il la porte dans son coeur" (*Ruines*, p.20)· Il dénonce à travers l'écriture, la destruction par l'être humain et en cela tente une restauration verbale, il donne un coup de semonce aux lecteurs/lectrices de son époque en les avertissant du caractère éphémère du monument. Il opère en fait une réflexion sur la fragilité, l'instabilité de son époque. Volney traite de la désintégration des empires et des monuments qui en sont les témoins, car ils portent les marques de ces changements. Ces traces sont des cicatrices qui préservent ou effacent le souvenir d'un régime évanoui, car chaque siècle voit non seulement des additions apportées aux monuments par les différents architectes, mais aussi des restaurations qui font disparaître les styles préexistants (cf. Viollet-le-Duc et ses travaux, violemment critiqués par la suite); n'oublions pas que "restaurare", "renovare" ou "reficere" signifient à l'origine refaire, renouveler et non pas recréer l'état d'origine.

Cette dialectique de reconstruction par la méditation, puis par le dialogue avec l'apparition du Génie des tombeaux et des ruines crée un effet de surprise et reflète le malaise du temps. Le Génie est généralement considéré comme un être surnaturel d'un esprit supérieur, qui possède une science inconnue des simples mortels. Dans la tradition du dix-neuvième siècle, le Génie possède la connaissance et il peut ainsi dialoguer avec les humains: le choix du Génie se porte sur Volney (c'est en tout cas le choix de l'auteur historique qui, en tant qu'auteur, utilise cet "esprit" pour appuyer ses arguments). C'est une manifestation concrète de la conscience de tout citoyen en cette période troublée pendant laquelle le narrateur essaie de révéler à l'homme ses défauts. Le monument s'anime et projette le reflet du Génie, qui n'est défini sous aucune forme matérielle, et sous cet aspect "fantômatique", la conscience de l'humanité prend forme et sa voix pourra alors se faire entendre. Lorsque le narrateur commence à blâmer l'être humain en se demandant "qui pourra, en effet, mettre un frein à la cupidité du fort et du puissant? Qui pourra éclairer l'ignorance du faible? (...) Que reste-t-il à l'homme vertueux, que de joindre sa cendre à celle des tombeaux" (*Ruines*, p.90-91), le Génie s'exclame:

> Jeune homme crois-en la voix des tombeaux et le témoignage des monuments (...) Depuis trois siècles surtout, les lumières se sont accrues (...) la civilisation

> (...) a fait des progrès sensibles (...) un siècle nouveau va s'ouvrir (*Ruines*, p.92-100)·

Le Génie revêt l'apparence du sage, et se met à énumérer les bienfaits de l'être humain tout en prévoyant une amélioration à l'avenir. Le dialogue permet ici au narrateur de reprendre confiance en l'avenir de l'humanité et révéler que toutes les personnes ne sont pas tout à fait condamnées. Les monuments sont de nouveaux utilisés à des fins informatives et ce sont eux qui continue la tradition et leur rôle de livre des civilisations. Volney, qui est à l'écoute des monuments, parvient à les interpréter et à communiquer leur message à la civilisation qui lira son ouvrage. Le monument témoin de l'humanité de ses bienfaits et de ses méfaits, permet de se remettre en question, et de voir s'il y a des possibilités d'amélioration.

Chateaubriand, pour sa part, constate les changements dûs à la révolution dans son oeuvre autobiographique *Mémoires d'outre-tombe*, où il note qu'il ne

> pourrai[t] mieux peindre la société de 1789 et 1790 qu'en la comparant à l'architecture du temps de Louis XII et de François Ier, lorsque les ordres grecs se vinrent mêler au style gothique, ou plutôt en l'assimilant à la collection des ruines et des tombeaux de tous les siècles, entassés pêle-mêle après la Terreur dans les cloîtres des Petits-Augustins[14]

Il semble qu'architecture et vie humaine soient indissociables, car pour Chateaubriand l'état des lieux et l'état des personnes est identique, et il utilise des images architecturales pour décrire la situation de cette "société croulante" (*Mémoires d'outre-tombe*, p.326)· L'état de la société se reflète dans le tas de ruines qui s'empile de façon peu harmonieuse dans les "cloîtres des Petits-Augustins"; cette description n'est en fait qu'un échantillon de l'état des lieux, mais ce microcosme n'est de nouveau qu'un reflet du macrocosme de la société de l'époque. Cet "entassement" des "ruines et tombeaux" de l'époque reflète de nouveau le malaise de la société de l'époque, la progression ayant été stoppée, c'est la société elle-même qui se retrouve dans cette petite pile remisée dans un coin.

Chateaubriand, fait écho à Volney avec *Le Génie du Christianisme*, tout en lui substituant une interprétation chrétienne, dont il commença la rédaction après la mort de sa mère, événement qui déchaîna en lui une tempête d'émotions:

> Et peu à peu voilà que du fond de son trouble et parmi ses larmes, surgissent les poétiques émotions de sa pieuse jeunesse: il revoit ces radieuses nuits de Noël dans la vieille cathédrale malouine, et toutes ces imposantes cérémonies qui avaient enchanté son âme (...) Est-il donc si sûr de son incroyance? (...) Entre la foi de sa mère et celle des terroristes [elle mourut emprisonnée], il ne peut plus reculer: il doit choisir[15]

La décision de Chateaubriand est alors prise car il sentait que "l'esprit d'un nouveau siècle venait de lui apparaître, et qu'il avait pour mission de lui donner une forme et de lui prêter une voix" (*Génie du Christianisme*, p.69).

Cette attitude conservatrice et protectrice n'est pas nouvelle, gardons à l'esprit l'attitude de Villon, qui dans *Le Testament*, "la ballade des dames du temps jadis" mentionne ce topos *ubi sunt,* sujet repris à la vieille tradition médiévale, dans sa plainte maintes fois renouvelée: "Mais où sont les neiges d'antan?"[16], et le reprend dans la ballade suivante:

> Voire, ou soit de Constantinobles
> L'Emperieres au poing dorez,
> Ou de France ly roy tres nobles,
> Sur tous autres roys decorez,
> Qui pour ly grans Dieux aourez
> Bastist eglises et couvens,
> S'en son temps il fut honnorez,
> Autant en emporte le vent[17]

Cette tradition va se perpétuant au seizième siècle avec les célèbres *Antiquités de Rome* suivies des *Regrets* de J. du Bellay qui fait référence aux ruines de manière plus directe:

> Sacrez costaux, et vous sainctes ruines,
> Qui le seul nom de Rome retenez,
> Vieux monuments (...)
> Las, peu à peu cendre vous devenez,
> Fable du peuple & publiques rapines,

> Et bien qu'au temps pour un temps facent guerre
> Les bastimens, si est-ce que le temps
> Oeuvres et noms finalement atterre[18]

D'ailleurs dès la révolution, les ruines continuent d'être un sujet d'actualité et Gibbon, historien du siècle des lumières, déclare dans son ouvrage: *Decline and Fall of the Roman Empire* que:

> the public and private edifices, that were founded for eternity, lie prostrate, naked, and broken, like the limbs of a mighty giant, and the ruin is the more visible, from the stupendous relics that have survived the injuries of time and fortune (...) Monuments are perishable and frail (...) In a dark period of five hundred years Rome was perpetually afflicted by the sanguinary quarrels of the nobles and the people, the Guelphs and the Ghibelines, the Colonna and Ursini[19]

Gibbon, fait dans son ouvrage l'historique de la chute de Rome et les mêmes mots resurgissent, les instigateurs restent les mêmes: les individus toujours responsables de l'anéantissement de leurs propres créations. L'architecture, création humaine, est le reflet de son créateur, c'est un indicateur de l'échec et lorsque ce géant est brisé, cela indique que le monde va mal.

Bien évidemment, plusieurs facteurs ont occasionné ces destructions, mais l'instabilité politique et sociale reste tout de même le facteur déterminant. En accord avec la tradition méditative, c'est de nouveau la contemplation qui fournit à l'auteur son inspiration. En effet, c'est en contemplant les ruines du Capitole que lui vint l'idée de rédiger cet historique. Il est certain que *la période noire* du moyen-âge n'est pas vraiment le lieu idyllique dans lequel on aimerait se replonger, et c'est vers les cathédrales des douzième et treizième siècles que l'on se dirige. Cette période apparaît comme le havre de paix au milieu de la folie dévastatrice des êtres humains, et c'est ce qui attira les auteurs du dix-neuvième.

Chateaubriand se sert de la même méthode, crée le Génie du Christianisme et évoque le monument, qui en tant qu'indice historique, est la clé de voûte qui permet de commencer le travail de reconstruction, car cette remontée dans le temps jusqu'à l'époque où la plénitude régnait révèle que "[p]lus ces temps étaient éloignés de nous, plus ils nous paraissoient magiques"[20] et "l'ancienne France sembloit revivre" (*Génie du christianisme*, Tome I p.349). Ce retour vers le passé, à travers les églises gothiques des douzième et treizième siècles, autorise la reconstruction par l'écriture des monuments détruits ou déformés, leur histoire et celle des êtres humains. Ce pèlerinage dans l'histoire, de par ces monuments, dévoile non seulement ces représentations de Dieu sur terre, mais tient également lieu de témoin de l'histoire de l'humanité. Ecrire sur les monuments est une façon de recréer, de raviver l'histoire de l'humanité, le monument étant un véhicule culturel de nos sociétés, incarnant la hantise et la nostalgie que peut éprouver notre narrateur à sa vue. Cette technique d'écriture est la révélation de l'angoisse existentielle face à la désagrégation du monde et l'irréversibilité de la marche vers la mort.

Etant donné le caractère chrétien de l'ouvrage de Chateaubriand, la religion et la nature sont d'importants facteurs à prendre en compte. Ce commensalisme, cette symbiose existant entre les deux est le biais par lequel les êtres humains peuvent atteindre Dieu. Les églises bâties dans des sites naturels sont construites en harmonie avec leur cadre et "sous ces voûtes antiques / parviennent jusqu'à moi [le narrateur] d'invisibles cantiques" (*Génie*, Tome II, p.76). Il ne faut pas oublier que "les forêts ont été les premiers temples de la Divinité et les hommes ont pris dans les forêts la première idée de l'architecture" (*Génie*, Tome I, p.348). Les deux phénomènes sont indissociables et ils représentent l'état primitif, l'espoir d'un retour aux sources de façon à regagner cette harmonie, cette plénitude universelle. Cette évocation de la forêt et de la pureté de la nature évoquent par opposition l'état présent du monde, dans lequel l'être humain a fait "tabula rasa" de ses croyances et s'est éloigné de Dieu, occasionnant l'éclatement des sociétés. La forêt est en effet le premier lieu de culte, les arbres étant considérés comme le lien, l'intermédiaire entre la terre dans laquelle ils sont enracinés et le ciel qu'ils atteignent de leur cime. C'est un endroit pacifique, un havre de paix, où les croyants se réfugiaient lors des périodes de persécutions et pouvaient alors communier avec Dieu dans la nature.

Le parallélisme des monuments chrétiens et de la nature est évoqué par le narrateur qui compare les bois avec les sanctuaires gothiques:

> Les forêts des Gaules ont passé à leur tour dans les temples de nos pères, et nos **bois de chênes** ont ainsi maintenu leur origine sacrée. Ces **voûtes** ciselées en

> **feuillages**, ces jambages qui appuient sur les murs et finissent brusquement comme des **troncs** brisés, la fraîcheur des **voûtes** (...) tout retrace les labyrinthes des **bois** dans l'église gothique (...) L'architecte chrétien non content de bâtir des **forêts**, a voulu, pour ainsi dire, en imiter les murmures, et au moyen de l'orgue et du bronze suspendu il a attaché au temple gothique jusqu'au bruit des vents et des tonnerres (*Génie*, Tome I, p.350)

Tout dans cette citation évoque la nature, les "bois", les "forêts" et les "troncs" qui ont servi de modèle à la construction de ces églises gothiques. En effet, les "voûtes ciselées en feuillages" rappellent de façon très nette les voûtes en ogive des cathédrales gothiques qui ont les forme "d'arc[s] diagona[ux] bandé[s] sous une voûte en marquant l'arête"[21]. Non seulement les églises gothiques ont été modelées d'après nature, mais le narrateur les invoque dans son oeuvre et essaie de reconstituer leur genèse. Il reconstruit les monuments pour les déconstruire de nouveau, réitérant ainsi l'oeuvre des êtres humains et du temps, car le fait de raconter "la longue histoire du passé" reconstruit en quelque sorte le monument.

Cette création/recréation se retrouve dans la résurgence des ruines à la fin de la troisième partie du *Génie du Christianisme*. Dans cette troisième partie, Chateaubriand pratique le culte des ruines car pour lui:

> un monument n'est vénérable qu'autant qu'une longue histoire du passé est pour ainsi dire empreinte sous ses voûtes toutes noires de siècles. Voilà pourquoi il n'y a rien de merveilleux dans un temple qu'on a vu bâtir[22]

Il opère une réflexion sur la race humaine et son passé qui réitère la notion de décomposition et d'émiettement de l'humanité, mais qui révèle par opposition une quête du narrateur vers une pureté et une cohésion oubliées. Le narrateur s'efforce donc de combler cet effritement des siècles et atteint ce but en créant un lien entre: les monuments d'hier et d'aujourd'hui, et leur histoire révélatrice de celle des humains; la religion qui est un regard vers l'avenir: Dieu étant "le seul souverain dont l'empire ne connoisse point de ruines" (*Génie*, Tome II, p.80), et la nature. Il construit alors sa propre architecture, établit une passerelle entre les différentes époques, tente de lutter contre la marche du temps et des êtres humains et explique pourquoi ils sont attirés par les ruines:

> Ce sentiment tient à la fragilité de notre nature, à une conformité secrète entre ces monuments détruits et la rapidité de notre existence. Il s'y joint en outre une idée qui console notre petitesse (...) Ainsi, les ruines jettent une grande moralité au milieu des scènes de la nature (*Génie*, Tome II, p.80).

Plus tard, le narrateur s'adresse directement aux monuments, et les invective:

> Sacrés débris des monuments chrétiens, vous ne rappelez point comme tant d'autres ruines, du sang, des injustices et des violences! Vous ne racontez qu'une histoire paisible, ou tout au plus que les souffrances mystérieuses du Fils de l'Homme! (*Génie*, Tome II, p.85)

Les termes même de "raconter" et d'"histoire" signalent la ruine comme un livre ouvert que le narrateur interprète à son gré. Cette ruine chrétienne se lit, se déchiffre, s'offre: mettant en scène le vide, elle affiche la désagrégation qui suit la période révolutionnaire. Ce vide se transforme alors en un plein, comblé par le narrateur qui illustre l'inachèvement de l'objet sensible et invite à sa recréation par la pensée. Cette reconstruction spirituelle permet de laver la ruine de tous les problèmes ayant pu l'entourer et de recommencer, pour ainsi dire, à réintégrer le passé dans l'histoire du pays. Ce culte des ruines pratiqué par le narrateur est en fait une déconstruction, pour mieux reconstruire les édifices, une inversion, en un mot: une décomposition du réel, de manière à reconstruire et ainsi comprendre le monde et le moi. Notons que les habitations de tout ordre dissimulent ce qui existe à l'extérieur et opposent en cela le dedans et le dehors, le caché et le visible, le connu et l'inconnu. Les ruines, et leurs murs écroulés offrent alors l'occasion rêvée de regarder à l'intérieur et de retrouver cet état originel car alors que:

> Les murs **masquent** une partie du site et des objets extérieurs, et empêchent qu'on ne distingue les colonnades et les cintres de l'édifice; mais quand ces temples viennent à crouler, il ne reste que des débris isolés, entre lesquels l'oeil découvre au haut et au loin les astres, les nues les montagnes (...) pour laisser libre

> accès aux illusions de la perspective (*Génie*, Tome II, p.82).

"L'oeil découvre" alors "les illusions de la perspective", le spectateur est libre de s'adonner à la contemplation des temps passés. La ruine n'est en fait qu'un livre ouvert à la première page qui invite à la lecture des temps passés pour en avoir une meilleure compréhension. Le narrateur fait tout d'abord allusion aux ruines antiques de Palmyre, d'Egypte et de Grèce avant de décrire les ruines des monuments chrétiens anglais et écossais qu'il décrit en faisant référence à Ossian[23], qui aurait vécu au IIIe siècle et contraste en cela deux cultures et périodes historiques.

La poétique des ruines projette l'idée d'un monde "nouveau", regardé d'un oeil neuf, monde recréé par un narrateur dont le but est de représenter: "a simulated experience of dying and rising [in which] the wordly self is extinguished and immateriality is embraced"[24]; cet effet de "**vide**" assuré par le style gothique "se décore ensuite plus aisément d'herbes et de fleurs que les **pleins** des ordres grecs" (*Génie*, Tome II, p.84). Le narrateur fonctionne de nouveau par des oppositions binaires vides/pleins, et utilise une métaphore florale de décoration pour exprimer le besoin qu'il éprouve de combler ce vide laissé par les siècles, ce néant existentiel représenté par la décrépitude des églises gothiques. Ce non-être existentiel est d'autant plus fort chez le narrateur qu'il est exprimé par des édifices religieux et montre la stérilité, en même temps que l'impermanence du matériel, d'où le besoin de salut tendant vers la permanence du monde supraterrestre. Ce vide peut alors être comblé par le narrateur, car il fait appel à la mémoire et évoque les temps immémoriaux où les "hommes adoraient la *Sagesse* qui s'[était] promenée sous les flots" (*Génie*, Tome II, p.82)· La ruine offre une multiplicité de solutions qui varient selon les interprétations, une d'entre elles étant ce besoin de retourner vers un monde plus stable (ou du moins l'idée que les gens se faisaient du moyen-âge comme période idéale), d'analyser ainsi les événements survenus tout au long des siècles et d'essayer de comprendre pourquoi nous en sommes arrivés là où nous sommes.

Cependant, selon les théories de Chateaubriand, tout est prédéterminé, la providence contrôle la destinée des humains, car il existe:

> deux sortes de ruines: l'une ouvrage du temps; l'autre ouvrage des hommes. Les premières n'ont rien de désagréable (...) les secondes ruines sont plutôt des

> dévastations que des ruines (...) Quand Dieu pour des raisons qui nous sont inconnues veut hâter les ruines du monde, il ordonne au Temps de prêter sa faux à l'homme, et le temps nous voit avec épouvante ravager dans un clin d'oeil ce qu'il eût mis des siècles à détruire (*Génie*, Tome II, p.80)

Nous pouvons déduire de ces quelques lignes que la théorie de la prédestination est omniprésente et pour lui la seule solution est de pénétrer le royaume des cieux, car c'est là que s'accomplira la restauration spirituelle. Son interprétation en est poétique, il divise les quatre parties du *Génie du Christianisme* et étudie dans la seconde et troisième partie "la poétique du christianisme, ou les rapports de cette religion avec la poésie, la littérature et les arts" (*Génie*, Tome I, p.46). Cette théorie de la prédestination est un aspect de sa philosphie qui laisse peu de place pour se mouvoir, car elle ne permet qu'une interprétation qui est assez rigide. Volney et Chateaubriand sont deux exemples importants l'influence du monument et de la ruine à travers la littérature de la fin du dix-huitième et du début du dix-neuvième siècle. Il existe une littérature similaire dans le reste de l'Europe qui nous allons analyser en se concentrant plus particulièrement sur l'oeuvre de Walter Scott.

C'est ainsi qu'à partir de 1805 nous verrons le développement de l'influence de Walter Scott, qui, renouvelant le genre du roman historique, renforcera cette impression de perte de vitesse de la société, plus particulièrement lors de la parution de sa première oeuvre, *The Lay of the Last Minstrel,* adapté d'une ballade populaire, qu'il écrivit pour renforcer le patriotisme qu'il ressentait alors que son pays traversait une période difficile. Il existe maintes interprétations concernant ce retour au moyen-âge chez Walter Scott et ses contemporains, et l'une d'elles est une violente attaque de Lukàcs envers ceux étant la cause de ce renouveau:

> the inhumanity of Capitalism, the chaos of competition, the destruction of the small by the big, the debasement of culture by the transformation of all things into commodities -- all this is contrasted, in a manner generally reactionary in tendency, with the social idyll of the Middle Ages, seen as a period of peaceful cooperation among all classes, an age of the organic growth of culture[25]

Il se livre ensuite à une sévère critique des auteurs qui tentèrent de faire revivre cet idéal moyenâgeux car selon lui, à cette époque "under a banner of historicism and of a struggle against the "abstract, unhistorical" spirit of the Enlightenment, there arises a peudo-historicism, an ideology of immobility, of return to the Middle Ages" (*The Historical Novel*, p.26)· et qui révèle "a falsely idyllic picture of the unsurpassed, harmonious society of the Middle Ages" (*The Historical Novel*, p.27)· A la lumière de ces déclarations, un bref historique de la période semble nécessaire pour expliquer cette tendance des écrivains de l'époque à se replonger dans ce moyen-âge qui les fascine, à revivre ce moment idyllique de l'histoire.

Les îles britanniques, qui furent sujettes à des luttes intestines depuis la création du pays, optèrent pour la réunification, et dès 1707 l'Ecosse fut incorporée à cette nouvelle union, donnant naissance au Royaume-Uni de Grande-Bretagne qui intégrait le parlement écossais à celui de Londres par l'intermédiaire du Traité de l'Union. La réunification des îles s'acheva en 1800 avec l'inclusion/ l'incorporation de l'Irlande au reste du Royaume-Uni. C'est également à cette date que le monde s'enflamma lors de l'ascension au pouvoir de Napoléon et la lutte entre les deux nations, destinée à atteindre son apogée le 18 juin 1815 lors de la bataille de Waterloo. Malheureusement, en dépit de l'insularité de la Grande-Bretagne, le chaos existant à l'échelle internationale n'épargna pas la grande Albion, car en effet des émeutes résultant de la révolution industrielle éclatèrent.

Quel qu'en soit le motif, cette instabilité politique et sociale eut à quelques années d'intervalle le même résultat sur Walter Scott que celui qu'elle avait eu sur les auteurs français. Cette résurgence du moyen-âge trahit un problème ambiant. L'incertitude renforcée, tout particulièrement en ce qui concerne Scott, par la perte d'identité nationale ressentie par les Ecossais lors de leur intégration à la Grande-Bretagne donna lieu à la réapparition d'une littérature médiévale peuplée d'esprits fantômes. En effet, la crainte d'une complète assimilation ainsi que de la disparition de la société qu'il connaissait, stimulèrent la plume de Walter Scott, donnant ainsi naissance à des êtres surnaturels, tels the White Lady of Avenel, situés dans un passé moyenâgeux. Cependant, loin d'éloigner tout danger, ils signalent une inquiétude du narrateur, et préviennent du moment de crise et d'incertitude que traversent l'auteur historique, son pays et son monde connu.

Remarquons que Scott fait appel au merveilleux, qui traite d'un fait ou personnage irréel tout en restant dans le domaine du conventionnel. Notre narrateur hésite entre deux attitudes à adopter car cette fuite en arrière est bien le signe d'un malaise éprouvé par le narrateur et du besoin qu'il a de le manifester. Ce retour à l'époque féodale permet d'une part (aux lecteurs ainsi qu'au narrateur) d'échapper à ce monde en ébullition, et de se recréer un univers stable dans lequel le système de castes prédominait. La structure de la société médiévale, malgré son manque de flexibilité, de malléabilité est en fait un moyen, pour le narrateur, de se retrouver en terrain connu, et stable. Cette structure, que certains pourraient qualifier d'archaïque, en fonction de la féodalité régnant, à sans doute été le seul point de repère auquel l'auteur pouvait se raccrocher en dépit de la théorie de Lukàcs, selon laquelle Scott ne dépeint en fait que le "world below [which] is seen as the material basis and artistic explanation for what happens "above" (*The Historical Novel*, p.49)· En effet, même s'il décrit l'héroïsme comme existant surtout "en bas", il recrée ce sytème de classes, et cela pourrait être interprété comme une dénonciation du conflit entre la bourgeoisie et le prolétariat par l'intermédiaire de la noblesse et du peuple au dix-neuvième siècle. N'oublions pas que dès le dix-huitième siècle, l'Angleterre doit affronter de grandes transformations annonçant la révolution industrielle, et le fossé qui séparait la noblesse du prolétariat loin de diminuer, est seulement transféré de la noblesse à la classe marchande alors que le peuple reste la classe ouvrière et dominée. Ce sont ce besoin de structure, cette substitution d'un système par un autre, cette quête perpétuelle de stabilité qui reflètent le désir du narrateur de ne pas se perdre dans les remous de son siècle. Quel que soit le siècle dans lequel les êtres humains vivent, ils sont sans cesse en quête d'un point de repère, d'un indicateur stable de leur civilisation, reflétant ainsi leur position dans le cosmos. Bien que traditionnaliste, cette perspective signale le besoin de stabilité éprouvé par les individus, qui, vivant dans un monde en plein changement ont besoin de se rassurer.

Cette attitude se perpétuera à travers tout le dix-neuvième siècle et Victor Hugo fera campagne contre "la bande noire", non seulement dans ses oeuvres, mais également dans son article intitulé: "Guerre aux démolisseurs." Rappelons-nous que la bande noire était une des institutions laissées en héritage par la révolution sous la Restauration, une société de spéculation, qui rachetait les vieux châteaux et les abbayes en ruines pour les démolir complètement et les revendre comme matériaux. Les premières "bandes noires" furent organisées dans le Midi, achetant à "vil prix les biens nationaux"[26], elles dévastèrent le patrimoine national du pays, et furent comparées par le narrateur à des

> *termites*, c'est leur nom, laborieux, silencieux, invisibles ouvriers, [travaillant] sans que rien les arrêtent. Un pieux neuf planté dans la terre est dévoré en vingt-quatre heures. Solives, lambris, portes, châssis de fenêtres, marches et rampes d'escaliers, tout mangé sans qu'il y paraisse. La forme seule reste. Vous appuyez sur ce bois ferme en appparence, vernis, reluisant, et la main enfonce; ce n'est que poussière. Les parquets cèdent sous les pieds; on tâche de marcher doucement. Que sont les poutres en dessous? On n'ose y penser. On vit suspendu à l'abîme...
> Tel fut le réveil étrange de la Révolution lorsque, tout préoccupée d'idées, de principes, de disputes et de factions, elle vit que par dessous on pensait à autre chose, qu'il s'agissait d'intérêts, d'agio, de coalition (...) De ces *Termites* de 94 et 95, le nom était: *Bande noire*. Mais comment les reconnaître? L'insecte, plus dangereux que celui de La Rochelle, vivait, non dans la maison et dans le bois, mais dans l'homme, la chair et le sang, et jusque dans les entrailles des sociétés créées pour lui faire la guerre, de sorte que trop souvent, là où l'on cherchait le moyen de détruire le monstre, on trouvait le monstre même (*Histoire de la Révolution*, p.840)

C'est contre cet abîme résultant de la Révolution que les auteurs se mobiliseront, car les bases solides connues par eux ne seront qu'un semblant de réalité impossible à gérer, car insaisissable.

Victor Hugo n'aura de cesse et continuera à se mobiliser contre cette société dans ses oeuvres successives; dans les *Odes* de 1825, à travers lesquelles il commencera sa campagne contre les démolitions du siècle et invoquera lui aussi les ravages du temps au début de "la bande noire" lorsqu'il proclame:

> O débris! ruines de France
> Que notre amour en vain défend
> Séjour de joie ou de souffrance,
> Vieux monuments d'un peuple enfant!
> Restes, sur qui le temps s'avance! (...)

Je demande oubliant les heures,
Au vieil écho de leurs demeures
Ce qui lui reste de leur voix [27]

Il continuera ces attaques par la suite en 1829 dans son article intitulé "Fragment d'un voyage aux Alpes", poursuivra cette tâche contre ces pratiques destructrices dans *Notre-Dame de Paris* (1831).

C'est finalement dans "Guerre aux démolisseurs" qu'il se livrera à une accusation plus précise et persévéra dans cette voie car "chaque jour quelque vieux souvenir de la France s'en va avec la pierre sur laquelle il était écrit."[28] C'est en parlant de la tour de Louis d'Outremer qu'il s'emporte et se joue de l'administration:

> pour faire ce que n'avaient fait ni béliers, ni balistes, ni scorpions, ni catapultes, ni haches, ni dolabres, ni engins, ni bombardes, ni serpentines, ni fauconneaux, ni couleuvrines, ni les boulets de fer des forges de Creil, ni les pierres à bombardes des carrières de Péronne, ni le canon, ni le tonnerre, ni la tempête, ni la bataille, ni le feu des hommes, ni le feu du ciel, il a suffi au dix-neuvième siècle, merveilleux progrès! d'une plume d'oie, promenée à peu près au hasard sur une feuille de papier par quelques infiniment petits! (...) Et la tour a été démolie ("Guerre aux démolisseurs", p.612)

Si les écrivains peuvent se permettre de reconstruire des monuments sur le papier, ils doivent aussi lutter contre les responsables de ses démolitions, qui d'un trait de plume peuvent rayer ces même monuments de la carte. A la suite de ce réquisitoire rempli de négations, le narrateur, à la dix-neuvième conjonction négative, ayant fait passer son message de désapprobation, conclut sur cette simple phrase qui montra la disparition de la tour à tout jamais.

Etant devenu membre du Comité des arts et monuments (de 1835 à 1848), il exerçait son rôle à la perfection et ne cessait de condamner les abus y portant atteinte. Les monuments impérissables jusqu'alors s'affaiblissent et la "vieille tour, si longtemps inébranlable, se sentait trembler dans ses fondements" ("Guerre aux démolisseurs", p.612). Les fondations des bâtiments ne sont en fait qu'un modèle réduit des fondations de la société qui est en train de s'auto-détruire. Le narrateur personnifie les monuments et ce faisant, ils s'animent d'une force renouvellée, et si leur destin devient tellement arbitraire, le peu de traces qui existaient des civilisations passées ne tarderont pas à disparaître. Le monde se désagrège par la faute des êtres humains qui semblent rêver de l'anéantir, niant en quelque sorte leur propre passé, dont cette diatribe ironique tirée des *Odes* est l'écho:

> Allons! frappez ces murs, des ans encor vainqueurs,
> Non qu'il ne reste rien des vieux jours sur la terre;
> Il n'en reste rien dans nos coeurs,
> Cet héritage immense, ou nos gloires s'entassent,
> Pour les nouveaux peuples qui passent,
> Est-il trop pesant à soutenir;
> Il retarde leurs pas, qu'un même élan ordonne.
> Que nous fait le passé? Du temps que Dieu nous donne
> Nous ne gardons que l'avenir[29]

Ce désir d'aller de l'avant et de ne pas s'embarrasser du passé peut en fait être un réel désavantage pour les habitants des différents siècles, qui voient défiler sous leurs yeux des lambeaux de leur passé. Ces destructions vont-elles vraiment alléger le poids du passé et cesser d'entraver le pieds des nouvelles générations.

Les monuments détruits de l'art français restent tout de même présents aux yeux des personnes des siècles à venir et, après avoir discuté de l'engagement de Victor Hugo au niveau politique, il semble nécessaire de voir maintenant comment fonctionne cette restauration des monuments au niveau littéraire dans son oeuvre séminale: *Notre-Dame de Paris.*

NOTES

[1]Georg Lukcàs, *The historical Novel.* Trad. Hannah et Stanley Mitchell, [Lincoln: University of Nebraska Press, 1983] 171.

[2]Jules Michelet, *Histoire de la révolution Française*, Tome I [Paris: Librairie Gallimard, 1952], 2.

[3]Auguste Rodin, *Les cathédrales de France,* [Paris: Librairie Armand Colin, 1914] 1-12.

[4]Louis Réau, *les monuments détruits de l'art français*, Tome I [Paris: Librairie Hachette,1959] 204.

[5]Alyosius Bertrand, *Gaspard de la nuit*, [Paris: Le Club Français du Livre, 1957], 11-12.

[6]Wilhelm Treue, *Art Plunder*, [London: Ed. Methuen & Co. Ltd., 1957] 140.

[7]Charles Forbes Montalembert, "Du vandalisme en France," *La Revue des deux mondes* Mars 1833:15.

[8]Louis Réau, *les monuments détruits de l'art français*, 286.

[9]Nous faisons référence à la Commission des Monuments historiques de 1790, puis à la Commission temporaire des Arts de 1794.

[10]Pierre Léon, *La vie des monuments français: destruction, restauration,* [Paris: Ed. A et J. Picard et Cie, 1951] 255.

[11]Pierre Léon, *La vie des monuments français: destruction, restauration,* 257-58.

[12]Réau, *La vie des monuments français*, 429 tirée de "La restauration de nos monuments historiques." *La Revue des Deux Mondes*, 1er décembre 1874.

[13]Constantin François Volney, *Les ruines ou méditation sur les révolutions des empires*, [Paris: Baudoin Frères, 1820] 6-8.

[14]Chateaubriand, *Mémoires d'outre-tombe*, [Paris: Bordas, 1989] 324.

[15]Victor Giraud, *le christianisme de Chateaubriand,* Tome II [Paris: Librairie Hachette, 1928] 66.

[16]François Villon, *Le Testament,* [Paris: Ed. Honoré Champion, 1991] 107.

[17]Villon, *Testament,* 110-112.

[18]Joachim du Bellay, *Les antiquitez de Rome et les regrets,* [Lille: Libraire Giard, 1947] 6.

[19]Gibbon, Edward. *The Decline and Fall of the Roman Empire.* [Washington: Washington Square Press, 1966] 861-870.

[20]Chateaubriand, *Génie,* Tome I, 349.

[21]A. Rey et J. Rey-Debove, eds., *Le petit Robert,* [Paris: Société du nouveau Littré, 1979] 1304.

[22]François René Chateaubriand, *Le Génie du Christianisme,* Tome I [Paris: Librairie Garnier Frères,1926] 349.

[23]Ossian, création de James Macpherson, auteur britannique 1736-1796.

[24]Laurence Goldstein, *Ruins and Empire,* [Pittsburgh; University of Pittsburgh Press, 1977) 3.

[25]Georg Lukàcs, *The Historical Novel,* [Boston: Beacon Press, 1983] 26.

[26]Jules Michelet, *Histoire de la révolution Française,* p.839.

[27]Victor Hugo, "La bande noire", *Oeuvres poétiques,* Tome 1. *Oeuvres poétiques.* Tome 1. (Bibliothèque de la Pléiade) [Paris: Gallimard, 1964] 341-42.

[28]Victor Hugo, "Guerre aux démolisseurs", *la Revue des deux mondes* jan-mars 1832: 608.

[29]Hugo, "la bande noire", 345.

Chapitre II

La restauration problématisée: *Notre-Dame de Paris*

Au moyen-âge les cathédrales étaient les centres de l'aspiration spirituelle, elles concrétisaient les croyances des particuliers en proposant des représentations visuelles du domaine spirituel. Ces lieux de recueillement permettaient à la population de communier ensemble et témoignaient de l'unité religieuse qui régnait dans la cité. C'est d'ailleurs Victor Hugo qui mentionnera dans *Notre-Dame de Paris* cette union des peuples, en faisant référence à: "l'homme, l'artiste, l'individu [qui] s'efface sur ses grandes masses sans nom d'auteur; l'intelligence humaine s'y résume et s'y totalise. Le temps est l'architecte, le peuple est le maçon"[1]. En effet, si hors du lieu de culte, les rois et la noblesse vivaient séparément du peuple, tous se retrouvaient sous un même toit pour honorer Dieu (bien qu'ayant des chapelles particulières). Malgré les distances existant entre les différentes classes de la société, les cathédrales et les églises étaient bâties en principe pour tous les éléments de cette même société: les miséreux et la noblesse. La "population" dans la citation de Victor Hugo est à envisager dans un sens général et ayant fait cette distinction le narrateur oppose la ville du quinzième à celle du dix-neuvième siècle: "Ce n'était pas alors seulement une belle ville; c'était une ville homogène (...) une chronique de pierre" (*Notre-Dame de Paris*, p.167) malgré la noirceur de l'époque évoquée lors des descriptions des gibets, ou celles de Montfaucon. Le mot clé à relever est cette homogénéité datant du quinzième siècle qui faisait défaut au dix-neuvième siècle, car l'auteur contemplait une ville qui avait perduré pendant des siècles et qui, maintenant, était en train de péricliter. De plus, si l'intérieur de la cathédrale voyait la réunion de toutes les classes de la société, les murs extérieurs de Notre-Dame affichaient également des scènes de la vie quotidienne, telles qu'un paysan rassemblant du bois pour l'hiver. L'architecture avait toujours représenté "le grand livre de l'humanité, l'expression principale de l'homme à ses divers états de développement soit comme force soit comme intelligence" (*Notre-Dame de Paris*, p.225).

Au dix-neuvième siècle cette stabilité, cette unité jusqu'alors symbolisée par la pierre était en décomposition à cause des révolutions politiques et sociales. Hugo, royaliste convaincu en train de se convertir au socialisme humanitaire, dit de sa part un "adieu" poignant à ses propres croyances du passé, tout autant qu'à une ère révolue de l'histoire. C'est à l'aide de cet ouvrage qu'il se remet en question, analyse les événements pour faire le point sur ce qui s'était passé et avance vers un avenir qu'il souhaite heureux.

Proscrite pendant la révolution, et malgré le Concordat de 1804, l'Eglise en tant qu'institution avait perdu de son importance sous le Premier Empire, ce n'est qu'avec le retour de la monarchie, lors de l'accession au trône de Charles X, que l'on verra réapparaître l'union de l'Eglise et l'Etat. Durant la période antérieure de déstabilisation bien des auteurs du dix-neuvième siècle: V. Hugo, A. de Lamartine, A. de Musset et A. de Vigny, pour n'en citer que quelques-uns, se tourneront vers le moyen-âge, période réputée stable, inchangée pendant cinq siècles, en quête d'un point de repère temporel et historique. C'est cette époque lointaine tellement admirée qui devint alors une source inépuisable d'émotions et de productions artistiques au dix-neuvième siècle et pour certains cette redécouverte s'est effectuée par l'intermédiaire des monuments religieux restés intacts, que ce soit dans leur esprit ou en réalité. Nous allons examiner les modalités de ce retour chez Victor Hugo dans son oeuvre magistrale *Notre-Dame de Paris*.

En fonction de cette perspective, il semble important de dresser une typologie du monument littéraire de façon à pouvoir en examiner les applications chez ce même auteur; nous tenterons alors de déterminer les différentes approches portant sur la restauration des monuments, car dans certains cas le terme de restauration semble être tout à fait inadéquat. Le dix-neuvième siècle devint le siècle de toutes les restaurations et de grandes reconstructions furent entreprises, nous en avons comme héritage les travaux d'assainissement et d'embellissement de Paris du Baron Haussman, mais nous nous concentrerons plus particulièrement sur les théories architecturales de Viollet-le-Duc et sur l'application pratique qu'il en fit au niveau de la restauration des monuments anciens.

Il est certain que les travaux de ce personnage ont laissé la porte ouverte à une multitude de controverses, cela à cause des variations apportées par l'architecte aux monuments médiévaux. C'est en 1863 que Viollet-le-Duc publie son oeuvre intitulée *Entretiens sur l'architecture*, faisant appel à la raison perdue, selon lui, parmi les dogmes et les erreurs des anciens. D'ailleurs, dans le dixième entretien il insiste sur le fait que même si

> les cabinets de nos architectes sont remplis de renseignements, de livres, de dessins; quand il s'agit d'élever le moindre édifice, si les éléments matériels affluent, la pensée de l'artiste est rétive et refuse de tirer quelque chose de neuf de tant de documents amassés sans critique (...). Nos monuments paraissent être des corps dépourvus d'âmes, restes d'une civilisation effacée, langage incompréhensible, même pour ceux qui l'emploient (*Entretiens sur l'architecture*, p.449)

Ces monuments, laissés sans âme, ne sont que des carcasses vides de sens dont personne ne veut. D'après lui, le dix-neuvième siècle ne remet plus en question les monuments et leur valeur artistique, et l'appréciation de l'art se limite alors à la question: "C'est fort cher, donc ce doit être beau" (*Entretiens*, p.450). L'ancienneté d'un monument ou d'un objet devenant rare, se fait cher et il ne s'agit plus de l'art pour l'art, mais de l'art pour le profit commercial. Au fil des siècles, les êtres humains ont perdu le sens du beau, se sont trop reposés sur le passé; il est temps d'après Viollet-le-Duc de posséder une architecture propre à notre ère, une évolution du passé vers un avenir tangible et structuré:

> Depuis la révolution du dernier siècle, nous sommes entrés dans la phase des transitions, nous cherchons, nous accumulons force matériaux, nous fouillons dans le passé, nos ressources se sont accrues; que nous manque-t-il donc pour donner un corps, une apparence originale à tant d'éléments variés? Ne serait-ce pas simplement une méthode? Cependant tout état transitoire doit avoir un terme, tendre vers un but que l'on entrevoit seulement du jour où, las de chercher à travers le chaos d'idées et de matériaux de toutes provenances, on se met à dégager certains principes au milieu de ce désordre (*Entretiens*, p.450)

Il se rend compte qu'il se trouve en phase de transition et qu'il doit absolument trouver un élément qui lui permettra de progresser et d'opérer une vaste action de nettoyage à partir des éléments donnés. La période de transition est certes nécessaire, mais elle doit aussi durer le moins longtemps possible, car elle s'avère trop fragile. Rien ne vaut mieux que l'ordre, et c'est ce qu'il s'est employé à faire à travers ses restaurations souvent critiquées.

C'est alors qu'il en vient à parler des changements à apporter à l'architecture de son époque, car "les architectes laïques de l'école française des XIIe et XIIIe siècles s'y sont rigoureusement soumis, et que nous les avons à peu près mis de côté" (*Entretiens*, p.462). Selon lui bien que le treizième siècle soit la parfaite représentation de l'esprit rationaliste, il recommande de s'éloigner des préceptes anciens et plutôt que de mal imiter l'architecture des siècles précédents, il lui semble préférable d'utiliser des techniques plus modernes et surtout plus rationnelles. Tout dans ses propos est basé sur la raison, il ne cesse de citer Descartes et ses quatre principes fondamentaux qu'il applique à l'architecture, car

> dans l'étude des arts du passé, il y a donc à séparer absolument la forme qui n'est que l'empreinte d'une tradition, forme irréfléchie, de la forme qui est l'expression immédiate d'un besoin, de l'état d'une

> société, et cette dernière étude seule peut avoir des conséquences pratiques, non point par l'imitation de cette forme, mais par l'intelligence qu'elle donne d'une application d'un principe (*Entretiens*, p.454)

La société de l'époque était dans le besoin, celui de trouver sa voie et de reconstruire ce qui avait été détruit par les révolutionnaires. Le temps était venu de faire le point sur les acquis et de redéfinir de nouvelles bases de données, en gardant à l'esprit les nécessités requises par la société. D'après lui, il faut de débarasser de la tradition car c'est une "forme irréfléchie" qui ne peut être utilisée, tout devant être basé sur la raison.
En ce qui concerne l'architecture en général il pense que:

> Il ne suffit pas aux artistes d'admirer les arts du passé; les copier, c'est un aveu d'impuissance; il faut les comprendre et s'en pénétrer, en tirer des conséquences applicables au temps où l'on vit, et ne voir dans la forme que l'expression d'une idée (*Entretiens*, p. 304)

C'est ainsi que le monument médiéval à restaurer deviendrait le point de départ de nouvelles idées basées sur le rationalisme gothique et servirait au développement de l'architecture du dix-neuvième siècle. La question est alors de savoir si nous devons louer ou blâmer Viollet-le-Duc pour ses restaurations trop différentes du modèle original, où bien les renier totalement aujourd'hui? Il est vrai que dans le cas de Notre-Dame de Paris, les grands travaux de restauration qu'il a accomplis de 1845 à 1864 ont modifié la structure de la cathédrale. Par exemple, les rosaces si célèbres de Notre-Dame ont été modifiées et leurs fondations ont été renforcées de manière à éviter de nouveaux effondrements tels qu'ils avaient eu lieu pendant la période révolutionnaire; il opéra également la substitution de statues manquantes par des imitations, et remplaça certains saints qui avaient disparus par d'autres. Que penser de ce travail? d'une part Viollet-le-Duc fut en tout points infidèle au passé représenté par les bâtiments ayant survécu aux ravages du temps alors que d'autre part, selon lui se rattacher à un passé qui s'efface et refuser de nouvelles approches technologiques ne ferait que nuire au progrès de la société: le dilemme nous semble difficile à résoudre. Il semblerait que pour essayer de préserver un passé évanoui, ou fuyant, la meilleure des solutions serait de respecter la façon de construire des anciens,

cependant, aucune restauration ne serait alors possible à cause des pièces manquantes et des techniques de construction surannées. Il apparaît que dès que l'idée de restauration entre en vigueur le respect de la forme et des idées médiévales ou autres ne soient plus valables. Les matériaux et les techniques étant dépassés, la seule réponse paraît être de laisser les monuments à leur sort et leur dégradation "naturelle", tout en les protégeant des intempéries et des vandales.
C'est ainsi que certains autres monuments n'ayant souffert que très peu d'altérations à travers les siècles servent encore aujourd'hui, certaines cathédrales dont les murs sont encore debout et dans lesquelles les fidèles peuvent toujours se réunir, sont restées pures et fidèles à la tradition architecturale des douzième et treizième siècles. Dans ces cas de figure, les monuments qui sont toujours intacts sont quasiment inexistants, car les conflits dans lesquels les pays européens et la France en particulier ont participé n'ont laissé que des champs de ruines. Certaines cathédrales, telles que Notre-Dame de Chartres, qui date du treizième siècle, sont restées intactes si ce n'est la flèche du clocher nord qui fut édifiée au seizième siècle, et

> has only been altered in one important respect and that was by the replacement of the lead roof by copper, which has of course turned green [and unfortunately] the roof was still of timber and in 1836 it was completely burned out. The beam were replaced by iron girders and a copper roof was laid upon them[2]

De même Notre-Dame de Laon (XII-XIVe; cloître XIIIe) fut améliorée à l'époque de la Renaissance qui "endowed the Cathedral with its last important additions - the delightful sequence of open screens which encloses the offending chapels of the fourteenth century. The dates inscribed upon them range only from 1572 to 1575 " (*The Cathedral's Crusade*, p.62). En ce qui concerne Saint-Etienne de Bourges, qui date de la fin XIIe-début XIVe, les vitraux furent installés pendant une période relativement longue du XIIIe au XVIe, et en 1540 les fondations ayant bougé, la cathédrale fut réparée par les meilleurs architectes de l'époque; c'est à ce moment que la tour fut achevée. Parmi toutes ces cathédrales aucune d'entre elles n'a gardé son état d'origine, c'est pourquoi Viollet-le-Duc dira:

> [Notre-Dame] c'est la seule qui ait pu être construite à peu près d'un seul jet, et encore n'est-elle pas achevée. A Laon, à Senlis, à Amiens, nous retrouvons des conceptions du même temps, mais mutiliées, modifiées ou inachevées, ayant chacune leur cachet particulier et présentant d'admirables parties (*Entretiens*, p.304)

Ces édifices font partie des quelques monuments religieux n'ayant pas eu à subir de restaurations majeures à travers les siècles et que tout le monde peut encore contempler dans leur splendeur d'antan. Il reste à constater qu'en dépit du fait de leur remarquable état, ces édifices ne furent pas terminés en un siècle et leur statut d'originalité est donc à examiner de plus près.

Bien entendu, ces cathédrales n'ont subi aucune restauration, mais des additions ont eu lieu à travers les siècles et leur état originel s'en est peut-être trouvé modifié. Les architectes ont certainement changé et bien que les techniques soient restées les mêmes pendant plusieurs siècles, le bloc monolithique de la cathédrale a été légèrement altéré. Quelles en ont été les raisons et dans quelle catégorie doit-on classer ces ajouts? En effet, le problème de l'authenticité du bâtiment est à soulever, et donc nous devons poser la question de la pureté et la fixité de n'importe quels changements et modifications apportés à une oeuvre.

D'autres monuments bien qu'endommagés restent toujours utilisables, telles les églises abîmées pendant la révolution, mais servant tant bien que mal, alors que leurs statues furent mutilées durant la même période. Le statut de ces édifices est différent des deux modèles précédents car, dans ce cas de figure il s'agit d'une altération d'une autre sorte, une mutilation. Cette amputation volontaire pour des raisons religieuses, ou, lors de conflits va à l'encontre de ce dont nous venons de parler, car nous avons à faire à une ablation d'une des parties d'un monument (telles les statues extérieures) qui le prive de son intégrité physique de monument. Elle n'est pas réalisée dans le but d'améliorer la nature de l'objet, mais il s'agit d'une tentative de destruction de la part des responsables.

Il existe aussi le monument modifié, mais qui s'affronte aux souvenirs des vieux et aux écrits des chroniqueurs /historiens de la période. En effet, la mémoire appartient à la littérature et la tradition orale, et permet aux êtres humains de transmettre des souvenirs de génération en génération. La narration personnelle concernant le vécu et l'expérience des personnages est une façon de faire revivre un monument disparu ou modifié. Cette tradition orale peut alors se transmettre et véhiculer toute une identité et une culture. Les vieux sont des personnages à prendre en compte car ils sont porteurs d'une connaissance que les jeunes n'ont pas bien évidemment, ils ont vécu comme on dit vulgairement. L'action narrative, la performance vient de l'ancien français "parformer" qui signifie "accomplir, exécuter" et, c'est en racontant les bâtiments tels qu'ils étaient en les comparant à leur aspect au dix-neuvième siècle, les vieux et leur audience accomplissent un acte de recréation. C'est un mode de communication qui permet de ne pas oublier, alors que la photographie ne fit son apparition qu'en 1838, les quarante premières années du siècle qui n'ont pas pu être enregistrées sur négatifs. L'acte narratif ne se limite pas seulement aux veillées et aux histoires des vieux, il s'étend également aux historiens, chroniqueurs de leur époque qui, tels que Michelet, Lamartine, Blanc ou encore Taine, qui parmi tant d'autres, s'intéressaient à leur temps et ont mis par écrit leurs pensées et souvenirs. La mémoire est importante dans ce cas précis parce qu'elle permet de confronter ou du moins de comparer le passé et les modifications apportées aux monuments. La mémoire collective toujours vivante s'oppose aux altérations, restaurations architecturales apportées au fil des ans et permet de garder un semblant d'originalité.

Parmi les différentes catégories de monuments, nous avons aussi le monument ruine, représentant la nostalgie du passé, seul vestige tangible qui devrait être protégé à tout prix contre les attaques du temps et des êtres humains. La ruine représente plusieurs aspects de la civilisation dans laquelle nous vivons, c'est une réminiscence du passé qui s'efface et de l'annihilation de toute une société. Elle manifeste un passé en train de disparaître, et déclenche un signal d'alarme sur le devenir de l'humanité, c'est une façon de se souvenir de ce que nous sommes et de ce que nous réserve l'avenir. Selon Janowitz:

> insofar as the ruin gives evidence of ineluctable genesis and decay, it challenges the structure of the present, and threatens to eradicate temporal differences, swallowing up the present into an unforseeable yet [what seems to be an] inevitable repetition of the past[3]

Cette menace sur l'effacement du passé est une bonne chose pour l'être humain qui semble avoir besoin de secousses sporadiques pour faire le point sur ses actions, et donc un moyen de se remettre en question.

L'être n'est pas immortel et doit pouvoir contempler des monuments pour se souvenir de cela, alors qu'il a devant les yeux un témoignage tangible du passé qui s'efface de façon à continuer de lutter pour la survie de l'espèce. Cette dialectique de la ruine en tant que "temporal figure of degeneration, spatialized, generates hope"[4] permet à l'espèce de faire l'état des lieux et d'examiner la situation.

Le monument disparu, rasé, pour ainsi dire évanoui est le dernier des monuments en date et il représente la fin d'une civilisation, d'une époque. La non-existence, le souvenir laissé par le bâtiment disparu peut être plus prenant que le monument restauré et ce vide, à partir du moment où la mémoire est toujours vive, est plus fort que les mots ne pourraient l'être. Ce vide spatial dénote un manque à combler dans la société de l'époque et les auteurs de l'époque tels que Chateaubriand, Hugo et plus particulièrement Zola recréent un édifice littéraire pour manifester le malaise de leur époque. Il est évident que dans le cas de Notre-Dame de Paris l'édifice est toujours debout, cependant les changements intervenus au cours du dix-neuvième siècle déclenchent un signal d'alarme chez le scripteur. L'invention de l'imprimerie entraînera le développement de la littérature mais "ceci tuera cela" et les monuments cèderont la place à la page écrite.

Les édifices étant les dernières preuves tangibles de cette unité, et de cette singularité, le monument devint alors le véhicule par lequel peut s'accomplir une telle cure de jouvance; *Notre-Dame de Paris* est donc un essai de recomposition du "réel" moyenâgeux. Le narrateur, être fragmenté navigant au milieu de révolutions choisit de s'échapper et de recréer un monde où règnerait l'unité. Il reconstitue donc les monuments, les sites de l'époque, tels que la place de Grève dont

> il ne reste plus aujourd'hui qu'un bien imperceptible vestige [ ] telle qu'elle existait alors. C'est la charmante tourelle qui occupe l'angle nord de la place, et qui, déjà ensevelie sous l'ignoble badigeonnage qui empâte les vives arêtes de ses sculptures, aura bientôt disparu peut-être, submergée par cette crue de maisons neuves qui dévore si rapidement toutes les vielles façades de Paris (*Notre-Dame de Paris*, p.73)

Il fait mention des restaurations effectuées sans aucun respect pour la tradition et les constructions de l'époque. Il demande en fait aux lecteurs de se replonger dans ce moyen-âge avec lui et de reconstituer les lieux disparus. C'est ainsi que

> les personnes qui, comme nous, ne passent jamais sur la place de Grève sans donner un regard de pitié et de sympathie à cette pauvre tourelle étranglée entre deux masures au temps de Louis XV, peuvent reconstruire aisément dans leur pensée l'ensemble d'édifices auquel elle appartenait, et y retrouver entière la vieille place gothique du quinzième siècle (*Notre-Dame de Paris*, p.73)

Après avoir mentionné les monuments de l'époque le narrateur ne cesse de comparer les temps modernes, le dix-neuvième et le quinzième siècle en expliquant que

> la nuit, on ne distinguait de cette masse d'édifices que la dentelure noire des toits déroulant autour de la place leur chaîne d'angles aigus. Car c'est une des différences radicales des villes d'alors et des villes d'à présent, qu'aujourd'hui ce sont les façades qui regardent les places et les rues, et qu'alors c'étaient les pignons. Depuis deux siècles, les maisons se sont retournées. Au centre du côté oriental de la place, s'élevait une lourde et hybride construction formée de trois logis juxtaposés. (...) La Grève avait dès lors cet aspect sinistre que lui conservent encore aujourd'hui l'idée exécrable qu'elle réveille (*Notre-Dame de Paris*, p.74)

A l'aide de la mémoire le narrateur recréé les sites de l'époque avant d'introduire les personnages principaux du roman et de s'immiscer dans le quinzième siècle, à l'époque de Notre-Dame de Paris que le narrateur recrée telle qu'elle était avant les assauts et "restaurations" des êtres humains. Ce retour vers le moyen-âge permet au narrateur d'étaler au grand jour son deuil d'un passé qui s'efface, ce déplacement temporel est une concrétisation manuscrite de la perte qui donne naissance à une acceptation psychique des changements politiques et sociaux de l'époque. La rédaction de ce roman est une cure psychologique dont le narrateur avait besoin pour faire face aux bouleversements de son siècle, il ressentit la nécessité d'une manifestation tangible pour arriver à se rendre compte, et accepter ce qui se passait. Cette méthode de psychothérapie par la régression, du dix-neuvième siècle au quinzième, permet au scripteur de recréer les éléments disparus, de refaire le parcours en sens inverse pour mieux accepter leur complète disparition et saluer la fin d'une ère.

Notre-Dame est un instrument de recréation, manifesté par une mise en abyme, qui ajoute au poids des mots et des actions du roman et qui est l'histoire d'un monument (le livre) au sein duquel se trouve un autre monument (la cathédrale), contenant lui-même une de ses extensions: Quasimodo. Nous nous trouvons face à une tentative de recréation, de reconstitution d'un idéal à travers la peinture de Notre-Dame de Paris et de ses habitants. Cette histoire dans l'histoire est une forme de constat formé pour solidifier les bases de la société en perte de vitesse. Cette technique d'écriture, de par son effet de miroir qui permet la répétition, est l'expédient ayant pour but de renforcer le message du roman; cette reduplication intérieure permet également au scripteur de commenter les événements de l'époque. La mise en abyme est en quelque sorte l'ogive qui soutient *Notre-Dame de Paris*, équivalent littéraire de l'ogive de pierre soutenant les murs de la cathédrale. C'est par ce retour aux sources vers les douzième et treizième siècles, et par cet emprunt aux techniques médiévales de construction que l'auteur historique pourra reconstruire à son tour son propre "monument historique" prêt à prendre la place de l'ogive lorsque l'imprimerie aura dominé le monde de la création. N'oublions pas que Notre-Dame est une oeuvre de transition, entre le romanesque et le gothique, c'est en quelque sorte le symbole de la prise de conscience des changements intervenus dans le monde de l'époque:

> Notre-Dame de Paris est en particulier un curieux échantillon de cette variété [de style dans une époque de transition.] Chaque face, chaque pierre du vénérable monument est une page non seulement de l'histoire du pays, mais encore une histoire de la science et des arts (...) tout est fondu, combiné, amalgamé dans Notre-Dame (*Notre-Dame de Paris*, p.140).

Cependant, en dépit des changements externes reflétés sur "la surface des édifices" (*Notre-Dame de Paris*, p.142), l'aspect interne ne semble pas avoir été affecté par les bouleversements historiques car "le tronc de l'arbre est immuable, [même si] la végétation est capricieuse" (*Notre-Dame de Paris*, p.143). N'est-ce là qu'un désir du scripteur, où s'agit-il simplement de la réalité? La dernière ogive à supporter la cathédrale est un être de chair et de sang: Quasimodo, le sonneur de cloches de la cathédrale qui, du fait de son état et de son intimité avec la cathédrale, parviendra à s'identifier à l'édifice et à prendre l'aspect d'une des gargouilles de Notre-Dame. Cette reduplication des personnages, du monument, puis du roman en lui-même est une sorte d'incrustation des maux de l'époque sur les pages d'un livre et de nouveau est lancé le cri d'alarme du narrateur à la population.

1. Les personnages clés du roman

Quasimodo, figure gothique du roman, est l'ogive portant sur ses épaules le poids de la cathédrale, ainsi que par analogie celui du roman et la Esméralda est la jeune vierge de la cathédrale. Ces deux personnages représentent le coeur et l'âme de cette oeuvre, l'un et l'autre se trouvent être victimes de la force des choses, après leur disparition la cathédrale ne sera plus jamais la même. Quasimodo et la Esméralda se complètent parfaitement, l'un étant au dedans ce que l'autre est au dehors. Il semble en effet nécessaire de faire une étude approfondie de cet aspect du roman, car Quasimodo et la Esméralda font partie intégrante d'un tout bien plus vaste. Particulièrement lorsque le narrateur relie étroitement l'aspect physique de Quasimodo et l'aspect de la cathédrale dont il est l'âme.

Quasimodo est un personnage à facettes multiples, dont l'un des aspects est la parfaite représentation de l'innocence médiévale disparue au dix-neuvième siècle, un mythe à propos duquel Lukàcs remarque que: "the social ideal of the Middle Ages, [falsely] seen as a period of peaceful cooperation among all classes"[5]. Alors qu'à l'extérieur il possède cette laideur qui, pour les nains et les personnes souffrant de difformités physiques, était associée au mal, au vilain au moyen-âge; l'intérieur nous révèle la bonté/beauté qui existe dans son attitude envers la Esméralda. Cette ambivalence réaffirme en lui le médiévisme, représenté par cette pureté interne que recherchèrent bon nombre d'auteurs du dix-neuvième siècle; cependant, cette dualité est le signe de troubles annonciateurs d'un impossible retour. Il est vrai que notre personnage a l'aspect d'une des gargouilles de Notre-Dame à tel point qu'"on eût pu le prendre pour un de ces monstres de pierre par la gueule desquels se dégorgent depuis six cents ans les longues gouttières de la cathédrale" (*Notre-Dame*, 453). Il est en quelque sorte imprimé sur la façade de la cathédrale et il s'est fossilisé de manière à faire partie intégrante du tout.

Dès sa naissance livresque, Quasimodo est décrit comme un "petit monstre" (*Notre-Dame de Paris,* p.179) ayant été abandonné sur le parvis de la cathédrale à cause de son physique répugnant qui n'engendre que haine et terreur. Il n'est pas qualifié d'enfant mais de "petite masse fort anguleuse" (*Notre-Dame de Paris,* p.179), un bloc de chair humaine non travaillé, déposé devant un autre bloc, travaillé celui-là: la cathédrale. Cet homme fait de pierre taillé à été modelé par les êtres humains, et il symbolise le chaos existant à cette époque, le résultat en est un "soi-disant enfant trouvé" (*Notre-Dame de Paris,* p.178). Cette masse humaine va au fil des ans être travaillée, façonnée par la cathédrale où Quasimodo vit et dont il devient une extension. Quasimodo est conçu comme le coeur d'une poupée gigogne (la première poupée étant la cathédrale, la deuxième en est la créature issue de cet édifice: Quasimodo). Ce désaccord entre l'intérieur (le sauveteur de la Esméralda) et l'extérieur du personnage (le physique rebutant) ne reflète en fait que la méchanceté et la cruauté du monde environnant, lui aussi est une sorte d'édifice de transition, entre l'endroit et l'envers, le bien et le mal, les apparences et la réalité. Son personnage prendra son ultime forme quand son heure salvatrice arrivera, il est quasi-mythique dans son apparence, et il devient indissociable de la cathédrale et va jusqu'à en épouser la forme car

> peu à peu, se développant dans le sens de la cathédrale, y vivant, y dormant, n'en sortant presque jamais, en subissant à toute heure la pression mystérieuse, il arriva à lui ressembler. (...) **Ses angles salllants s'emboîtaient, qu'on nous passe cette figure, aux angles rentrant de l'édifice.** [c'est moi qui souligne] (...) On pourrait presque dire qu'il en avait pris la forme (...) C'était sa demeure, son trou, son enveloppe (*Notre-Dame de Paris*, p.189)

Si Quasimodo ne parvenait pas à s'intégrer à la société du quinzième siècle, il faisait au moins partie d'un tout immobile: la cathédrale qui le protégeait du monde extérieur. Au fil des ans il était devenu une des parties de la cathédrale qui l'abritait, et à défaut d'imiter les êtres vivants autour de lui, il avait copié le seul modèle auquel il avait constamment acccès. Le narrateur le dépeint à l'aide d'un vocabulaire architectural, c'est ainsi qu'il ressemble à l'un des arcs-boutant de la cathédrale, ces fameux ouvrages de maçonnerie en forme d'arc qui s'appuient sur un contrefort pour soutenir de l'extérieur une voûte ou un mur[6]. Le fait de lier Quasimodo à la cathédrale (sa mère nourricère), de façon intrinsèque, permet aux lecteurs de mieux comprendre le personnage et de voir naître une parfaite osmose entre les deux. Cet arc-boutant nécessite lui aussi d'être protégé, car, en dépit de son aspect solide, il n'est qu'une créature vulnérable qui a besoin de protection. Bien des années plus tard lors de la fête des fous, la "gargouille" était devenue homme ou plutôt, s'était développée, avait pris de l'ampleur tout en gardant sa forme d'origine, l'osmose avait enfin eut lieu et alors que:

> toute sa personne était une grimace. Une grosse tête hérissée de cheveux roux; entre les deux épaules une **bosse énorme** dont le contre-coup se faisait sentir par-devant; **un système de cuisses et de jambes si étrangement fourvoyées qu'elles ne pouvaient se toucher que par les genoux**, et, vues de face, ressemblaient à deux croissants de faucilles qui se rejoignent par la poignée; **de larges pieds** [c'est moi qui souligne], des mains monstrueuses; et [cependant], avec toute cette difformité, je ne sais quelle allure redoutable de vigueur, d'agileté et de courage; étrange exception à la règle qui veut que la force, comme la beauté, résulte de l'harmonie (*Notre-Dame de Paris*, p.59)

Le sonneur de cloches se révèle être très puissant en dépit de ses malformations physiques, il possède de larges pieds qui lui permettent de se soutenir ce "système de cuisses", qui elles-mêmes soutiennent tant bien que mal ce corps. Cette opposition entre la Cathédrale et le sonneur de cloches permet au narrateur de reconstruire la société de l'époque et de nous révéler les problèmes existants. L'harmonie tant recherchée par les auteurs du dix-neuvième est elle aussi fragile, et il faudra trouver une solution pour renforcer les bases de la société en train de s'effondrer.

Cependant, l'espace interne est bien différent de ce qui transparaît sous le masque, car son attitude est plutôt celle de l'un des anges représentés sur les vitraux. Il est certain que son physique est rébarbatif, pourtant ses actions, une fois de plus, démentissent son apparence extérieure. Lorsque Frollo le surprend en train de contempler la Esméralda du haut de la cathédrale, il remarque "son oeil sauvage [qui] avait une expression singulière. C'était un regard charmé et doux" (*Notre-Dame de Paris*, p.326), nous assistons au début de la naissance de l'autre Quasimodo, personnage dont la bonté va désormais s'afficher par moments sur son visage.

Après avoir découvert le péril encouru par la Esméralda, son but dans la vie sera de la sauver du mal existant à l'extérieur de la cathédrale. Il revêt alors l'armure des chevaliers du moyen- âge prenant la défense de leur dame lorsqu'il s'élance pour sauver la Esméralda et tel

> une goutte de pluie qui glisse le long le long d'une vitre [il courut] vers les deux bourreaux avec la vitesse d'un chat tombé d'un toit [et] en élevant la jeune fille au dessus de sa tête [il s'écria] d'une voix formidable: Asile (*Notre-Dame de Paris*, p.454)

C'est à cet instant que cet homme au "visage si difforme" (*Notre-Dame de Paris*, p.453), perd toute sa lourdeur, ses jambes tordues le transportent telles des ailes et la métamorphose est accomplie en quelques secondes. D'autre part, l'aspect protecteur fait surface alors qu'il vient de la sauver et "il la serrait avec étreinte dans ses bras, sur sa poitrine anguleuse, comme son bien, comme son trésor, comme eût fait la mère de cet enfant" (*Notre-Dame de Paris*, p.455). Cette "tendresse" qu'il éprouve envers la Esméralda rejaillit sur tout son être et "en ce moment-là Quasimodo avait vraiment sa beauté. Il était beau, lui, cet orphelin, cet enfant trouvé, ce rebut" (*Notre-Dame de Paris*, p.455). Le bien, l'innocence et la pureté du moyen-âge ont refait surface pendant quelques secondes triomphant des appréhensions de la foule; non seulement les gens le virent sous un jour différent, mais il se sentit différent à cet instant.

Le mouvement du roman est donc de retour vers la mère nourricière: la Cathédrale. Cette grande dame est un abri, un lieu de refuge, là où "toute justice humaine expirait sur le seuil" (*Notre-Dame de Paris*, p.454). Le monument terre d'asile se revêt d'un nouveau rôle qui va à l'envers de ce que nous avons pu voir jusqu'à présent; la cathédrale qui semblait être le lieu à protéger devient protectrice, et cette "enveloppe" dans laquelle se repliait Quasimodo s'ouvre et accueille un autre orphelin, incompris par la société. Elle symbolise la stabilité, en dépit de son style de transition et montre qu'elle peut perdurer malgré les assauts du temps et des êtres humains.

Quant à la Esméralda, c'est un être de lumière dont Frollo dit que c'est "une créature si belle que Dieu l'eût préférée à la Vierge, et l'eût choisie pour sa mère, et eût voulu naître d'elle si elle eût existé quand il se fit homme!" (*Notre-Dame de Paris,* p.421-22.) D'ailleurs lorsque Frollo la revoit après son enlèvement par Quasimodo elle ressemble à une apparition:

> Il vit paraître, à l'angle opposé de la tour, une ombre, une blancheur, une forme, une femme (...) Elle était pâle, elle était sombre. Ses cheveux tombaient sur ses épaules (...) Elle était libre, elle était morte. Elle était vêtue de blanc et avait un voile blanc sur la tête (*Notre-Dame de Paris,* p.471.)

La Esméralda paraît transmettre plusieurs messages, c'est un être d'opposition, elle est "pâle" tout en étant "sombre" et "libre" tout en étant "morte". Elle nous révèle deux aspects, l'intérieur; la jeune femme qui a aidé Pierre Gringoire dans la cour des miracles, et Quasimodo sur le pilori et l'extérieur: sa beauté troublante qui la perdra. Il est certain que l'état d'esprit de Frollo, ainsi que l'ombre de la cathédrale et le côté mystique qu'elle dégage portent à de telles divagations de l'esprit, plus particulièrement d'un esprit aussi troublé que celui de l'archidiacre. Cependant, il semble que la Esméralda ait tendance à provoquer ce genre de réaction sur les hommes qui croisent son chemin. Il en est de même avec Phoebus quelques pages plus tôt, quand dans son malheur, la Esméralda prête pour le pilori au profil "pur et sublime (...) ressemblait à ce qu'elle avait été comme une Vierge du Masaccio ressemble à une Vierge de Raphaël: plus faible, plus mince, plus maigre" (*Notre-Dame de Paris*, p.447). Vue par Phoébus à travers les yeux du scripteur, la comparaison venant à l'esprit est celle d'une sainte martyre, d'une "vierge".

Dès sa condamnation, elle devient une martyre et la perception qu'ont les autres d'elle change, elle est dorénavant perçue comme une quasi sainte et lorsqu'elle pose les pieds dans la cathédrale, sa "cannonisation" est pratiquement terminée. Elle devient partie intégrante de la cathédrale, elle ressemble à l'une des saintes, si ce n'est à la vierge Marie de par son caractère éthéré. Les deux parties d'un tout se sont rencontrées; Quasimodo a finalement rencontré sa Marie (il opère en cela un transfert de la cloche à la femme) en Esméralda, la Quasisainte, et la Esméralda a fini par rencontrer son chevalier servant en

Quasimodo. Une fois de plus, cette union n'a pu se faire que sous le bon auspice de la cathédrale qui protège les réfugiés.

Cependant, tout cela n'est qu'un leurre, cette réalité ne peut être recréée qu'à l'intérieur de la cathédrale, ce n'est alors qu'un îlot entre la réalité et le rêve, un sanctuaire qui n'est en fait qu'une prison. Cette réalité est en elle-même recréée par le scripteur dans son roman qui est un essai de récupération de bonheur et de paix. Le roman n'étant lui-même qu'une oeuvre de fiction, n'est qu'une recréation temporaire qui permet au scripteur ainsi qu'aux lecteurs/lectrices de faire le point sur le passage d'une époque à une autre, d'accepter les changements survenus. C'est pourquoi beaucoup d'auteurs du dix-neuvième siècle se laissent aller à ce point extrême, l'immersion dans le moyen-âge, et acceptent ou font accepter la réalité quotidienne. Ce retour est thérapeutique et c'est pourquoi Victor Hugo, troublé par les événements de son siècle, mais aussi les problèmes personnels auxquels il doit faire face (l'amour de sa femme pour Sainte-Beuve en 1830-31), essaie de retrouver cet idéal moyenâgeux, récrivant l'histoire de Notre-Dame et des personnages comme Quasimodo et la Esméralda. Il est certain que Quasimodo, c'est en partie Hugo qui s'accuse d'avoir aliéné Adèle, et qui se voit comme monstrueux mais dévoué. Cependant, leur bonheur n'est qu'un leurre, chacun aimant sans espoir de retour de la part de l'être aimé, même si pendant quelques secondes: "les deux misères extrêmes de la nature et de la société [se touchèrent et s'entraidèrent]" (*Notre-Dame de Paris,* p.455)

Les deux font partie d'un plus grand tout, la cathédrale, elle-même englobée dans un autre tout, une autre réalité; le livre cathédrale dans un effort de l'auteur pour se protéger et pour expliquer les erreurs commises par ses semblables pendant sa vie. Cette cathédrale, lieu de protection, sera la transition nécessaire recherchée par le scripteur pour faire le point sur les événements de son époque. Cette construction, cette superposition de couches: les habitants de la cathédrale, le bâtiment en soi, et le livre semblent n'être en fait qu'un besoin de restaurer la stabilité manquante de la part du scripteur. Les différentes strates apportées permettent en effet de reconstruire les fondations de la société effondrée. Chaque couche représente une nouvelle structure renforcée par une autre structure, c'est aussi une forme de protection, car la cathédrale qui protège Quasimodo et la Esméralda est elle-même protégée par le roman, qui tient lieu de carapace devant absorber le choc de la transition politique, économique et sociale. En fait, plutôt que d'une mise en abyme verticale nous devrions parler de mise en abyme horizontale avec une expansion rappelant celle des murs d'enceinte des forteresses médiévales, qui compense le fait que Notre-Dame a été bâtie sur pilotis, "car au moyen-âge, quand un édifice était complet, il y avait presque autant dans la terre qu'au dehors" (*Notre-Dame de Paris,* p.413). Nous pouvons concevoir le roman comme une succession de strates horizontales, partant d'une expansion vers l'extérieur de manière à mieux se protéger des chocs de l'histoire, comme si le roman était fait de peaux superposées, un rembourrage en quelque sorte conçu pour absorber les chocs les plus violents. Ces enduits ajoutés les uns après les autres sont une tentative de restauration de la société et de ses fondements, un effort de la part du scripteur pour rétablir de solides bases avant que le dix-neuvième siècle ne s'enfonce dans un abîme. Les ayant établies, le scripteur se tourne vers sa deuxième création, la cathédrale, et montre que ce n'est pas seulement un édifice sans âme, mais une oeuvre de transition, symbole de la diversité, rivage de paix avant la tempête.

2. Les monuments médiévaux

La cathédrale n'est pas le seul édifice à être cité dans l'oeuvre de V. Hugo, car le scripteur éprouve le besoin de recréer la ville de Paris à l'époque, et dresse une liste de monuments et de lieux historiques ayant peu ou prou disparus. De sa plume il recrée par exemple: "la véritable grand'salle du véritable vieux Palais" (*Notre-Dame de Paris*, p.11); le premier monument à faire son apparition. L'utilisation qui est faite de l'allitération en "v" dans cette description est une marque d'insistance, une reconstruction manuscrite de la pièce décrite: cette technique renforce la création, tout en manifestant un manque. Dans ces premières pages le narrateur restitue la période historique et fait une description de l'ogive, caractéristique presque constante du style gothique:

> Au desssus de nos têtes [existe] une double voûte en ogive lambrissée en sculpture de bois (...) en tout sept piliers dans la longueur de la salle, soutenant au milieu de sa largeur les retombées de la double voûte (*Notre-Dame de Paris*, p.8)

L'ogive sert de support à la grand'salle dans laquelle allait se dérouler la scène d'introduction de quelques-uns des personnages principaux, et cette description permet aux lecteurs et lectrices de commencer à se figurer le processus de retour au moyen-âge. Cette clé de voûte sera le support du style gothique, de la deuxième partie du moyen-âge, et c'est aussi ce avec quoi l'auteur historique choisit de faire démarrer son roman, ainsi que ce sur quoi il fera reposer son oeuvre, sa cathédrale. L'ogive est utilisée au XIIIème siècle car elle servait à consolider la structure des cathédrales, n'oublions pas que l'étymologie de ce terme vient du latin "augere" qui signifie renforcer. D'ailleurs, selon Hans Jantzen

> In the Gothic nave wall there is no hint of load bearing. All its characteristics are essentially vertical. The vault is not felt as something heavy, hardly indeed as a cover, but simply as the place towards which the lines of upward thrust converge[7]

L'ogive sert tout simplement à supporter le tout sans pour autant paraître avoir un effet quelconque sur la structure de la cathédrale;

> [the nave wall]was transformed in the course of time from the homogeneous mass of masonry of the early middle ages. The Carolingian period-from which the openings seem to have been carved out, into a composite articulated structure, from which the characteristic of [apparent] mass has been eliminated. (*High Gothic,* p.7)

L'ogive, l'un des symboles de la cathédrale gothique, et donc du moyen-âge sera l'expédient par lequel le scripteur commencera à construire sa propre cathédrale, de papier celle-là: *Notre-Dame.* Si dans le style gothique tout est "carved out, into a composite articulated structure", dans l'oeuvre de Hugo le scripteur essaie de façonner le livre tel une cathédrale et d'englober présent (les lecteurs) et passé (le Paris du quinzième siècle). Toutes les parties du tout doivent pouvoir correspondre entre elles et pour cela les lecteurs ont besoin de faire partie intégrante du roman. C'est ainsi que le scripteur met en cause les lecteurs/lectrices dès les premières pages, et leur demande de se laisser aller à "the willing suspension of disbelief" si commune aux romantiques anglais:

> Si le lecteur y consent, nous essaierons de retrouver par la pensée l'impression qu'il eût éprouvée avec nous en franchissant le seuil de cette grand'salle au milieu de cette

> cohue en surcot, en hoqueton et en cotte-hardie (*Notre-Dame de Paris*, p.8)

Le retour vers le moyen-âge s'effectue alors bien plus facilement et tout le monde se glisse dans ce Paris du quinzième siècle. La pensée est le lieu d'où le monde provient, sans cela l'humanité n'existerait pas, et c'est à l'aide de ce mode de raisonnement que le livre prendra naissance. Le scripteur fait "tabula rasa" de toutes les modifications apportées aux différents monuments ainsi qu'aux ravages survenus tels que l'incendie du Palais de Justice où "presque tout a disparu" (*Notre-Dame de Paris*, p.10). Il recrée un Paris vierge, immaculé avant les restaurations et les destructions de tout ordre ayant eu lieu à travers les siècles, un Paris dans lequel le moyen-âge atteindra sa véritable apogée. Il invective les lecteurs/lectrices, leur disant: "refaites le Paris du quinzième siècle, reconstruisez-le dans votre pensée (...) Et puis, comparez" (*Notre-Dame de Paris*, p.171). Cette distortion temporelle permet au scripteur ainsi qu'aux lecteurs de se déplacer à travers les âges, de remonter le temps de manière à oublier les quatre siècles précédents et d'envisager "le Paris d'il y a trois cent cinquante ans, le Paris du quinzième siècle [qui] était déjà une ville géante" (*Notre-Dame de Paris*, p.144). Cette ville, si belle au quinzième siècle, n'a plus le même aspect au dix-neuvième siècle et le scripteur recrée pour nous le Paris qui remplissait les yeux d'

> un spectacle *sui generis*, dont peuvent aisément se faire idée ceux de nos lecteurs qui ont eu le bonheur de voir une ville gothique entière, complète, homogène, comme il en reste encore quelques-unes, Nuremberg en Bavière, Vittoria en Espagne (*Notre-Dame de Paris*, p.145)

Depuis cette époque, la ville a perdu de son charme et "a été se déformant de jour en jour. Le Paris gothique sous lequel s'effaçait le Paris roman, s'est effacé à son tour" (*Notre-Dame de Paris*, p.167), c'est ainsi que "le Paris actuel n'a [ ] aucune physionomie générale. C'est une collection d'échantillons de plusieurs siècles, et les plus beaux ont disparu" (*Notre-Dame de Paris*, p.169). Dans la description de la ville, il existe cette division "en trois villes tout à fait distinctes et séparées" (*Notre-Dame de Paris*, p.147) tout en étant "un seul corps" (*Notre-Dame de Paris*, p.149) qui rappelle la structure en ogive de l'intérieur de la cathédrale.

Le scripteur passe alors à la description de la dame de ces lieux: Notre-Dame, et c'est pour nous et pour les futures générations que "nous venons d'essayer de réparer pour le lecteur cette admirable église de Notre-Dame de Paris" (*Notre-Dame de Paris,* p.144). Cette recréation littéraire de la cathédrale est le seul moyen de retourner au quinzième siècle et de laver la cathédrale de ses impuretés physiques (restaurations). Il est vrai que le temps a fait des ravages et le scripteur ne le nie en aucun cas, il loue les effets du "temps [qui] a rendu à l'église plus peut-être qu'il ne lui a ôté, car c'est le temps qui a répandu sur la façade cette sombre couleur des siècles qui a fait de la vieillesse des monuments, l'âge de leur beauté" (*Notre-Dame de Paris,* p.135) Le scripteur ne parle donc pas de restaurer la cathédrale en son état initial, mais de la "réparer" car même si

> c'est encore aujourd'hui un majestueux et sublime édifice (...) Mais si belle qu'elle se soit conservée en vieillissant, il est difficile de ne pas soupirer, de ne pas s'indigner devant les dégradations, les mutilations sans nombre que simultanément le temps et les hommes ont fait subir au vénérable monument, sans respect pour Charlemagne qui en avait posé la première pierre, pour Philippe-Auguste qui en avait posé la dernière (*Notre-Dame de Paris,* p.133)

Le scripteur se pose en défenseur des monuments et prépare une restauration littéraire, un retour aux sources vers une unité et une pureté perdues au fil des siècles car

> ce que nous disons ici de la façade, il faut le dire de l'église entière; et ce que nous disons de la cathédrale de Paris, il faut le dire de toutes les églises de la chrétienté au moyen-âge. Tout se tient dans cet art venu de lui-même, logique et bien proportionné (*Notre-Dame de Paris,* p. 134)

La cathédrale a eu plusieurs fonctions au cours des siècles et l'une d'entre elle se trouve être d'enregistrer l'histoire de notre civilisation, c'est alors que le scripteur fait mention de la cathédrale en tant que livre de l'humanité, car lorsque "l'imprimerie tuera l'architecture" (*Notre-Dame de Paris,* p.225) il y aura tout de même quelques traces de ce que représentaient les monuments. Le développement de la cathédrale fut parallèle à celui de l'évolution de l'humanité et il est important de souligner que les cathédrales furent les premiers livres de l'humanité, c'est sur et avec elles que furent rédigées les toutes premières règles

> on scella chaque tradition sous un monument (...) l'architecture commença comme toute écriture. Elle fut d'abord alphabet. On plantait une pierre debout, et c'était une lettre, et chaque lettre était un hiéroglyphe, et sur chaque hiéroglyphe reposait un groupe d'idées comme le chapiteau de la colonne (*Notre-Dame de Paris*, p.225).

La cathédrale ne s'arrêta pas en si bon chemin et elle commença à se développer, à se raffiner sous le coup de crayon de l'architecte. Elle devint alors un véritable dictionnaire, car

> plus tard on fit des mots. On superposa la pierre à la pierre, on accoupla ces syllabes de granit, le verbe essaya quelques combinaisons (...) Enfin on fit des livres. (...) L'architecture alors se développa avec la pensée humaine (...) le pilier qui est une lettre, l'arcade qui est une syllabe, la pyramide qui est un mot (...) se groupaient se combinaient, s'amalgamaient, descendaient, montaient, se juxtaposaient sur le sol, s'étageaient dans le ciel, jusqu'à ce qu'ils eussent écrit, sous la dictée de l'idée générale d'une époque, ces livres merveilleux qui étaient aussi de merveilleux édifices (*Notre-Dame de Paris*, p. 227-8).

Chacune des parties de la cathédrale représentait un ajout au dictionnnaire de l'humanité, ne cessait de se développer car "le symbole avait besoin de s'épanouir dans l'édifice" (*Notre-Dame de Paris*, p.226). Cette "pyramide" consciencieusement échaffaudée au fil des siècles est un microcosme du roman lui-même, car cette oeuvre se développa avec la pensée humaine de l'époque parallèlement au développement de la cathédrale. Les mots commencèrent à joncher les feuilles de papier, à s'assembler au fil des jours de façon à former un message, un livre et à prendre la place du monument. C'est ainsi que lors d'une discussion entre Jacques Coictier et l'archidiacre, ce dernier informe son interlocuteur qu'il lui:

> fer[a] lire l'une après l'autre les lettres de marbre de l'alphabet, les pages de granit du livre (...) [ils épelleront] encore ensemble les façades de Saint-Côme, de Sainte-Geneviève-des-Ardents, de Saint-Martin, de Saint-Jacques-de-la-Boucherie (*Notre-Dame de Paris,* p.221-2).

Cette amertume sortant de la bouche de Frollo montre le désarroi de certains face au changement, et la peur de l'inconnu, notamment de l'arrivée de l'imprimerie et lorsque Coictier lui demande: "qu'est-ce que c'est donc que vos livres?" ce dernier n'a qu'une seule réponse: "il désigna du doigt l'immense église de Notre-Dame [et ajouta] promenant un triste regard du livre à l'église: Hélas, ceci (...) tuera cela" (*Notre-Dame de Paris,* p.222).

3. Le livre

C'est une acceptation manuscrite, et imprimée des changements survenus au dix-neuvième siècle, une recréation littéraire de la cathédrale de pierre, il remplace alors le monument, et devient un symbole de l'histoire de l'humanité.

a. La victoire de l'écrit sur la pierre

Dès l'invention de l'imprimerie, des milliers de copies commencèrent à être vendues, alors que la cathédrale, comme les parchemins, sont des objets uniques, soumis de par là aux intempéries du temps et aux destructions et altérations des êtres humains des diverses époques. Les manuscrits ont longtemps été fragiles face aux éléments et aux êtres humains, et leur rareté les amenaient à être encore plus susceptibles à la destruction que d'autres. Nul n'est à l'abri des ravages du temps, cependant, les livres n'étant plus de rares éditions peuvent être réimprimés, alors que les manuscrits et cathédrales sont des oeuvres exclusives issues de l'esprit créateur de l'architecte ou du scripteur/ enlumineur. Le bloc monolithique représenté par la cathédrale remplace un autre bloc, celui du livre imprimé, symbolisé par la pluralité, par son côté malléable, pouvant être réimprimé et diffusé plus facilement. Le discours écrit prend la place du discours visuel, évolue avec le temps et peu à peu atteindra un plus grand public: l'unité de la pierre s'oppose à la pluralité des livres et à leur prolifération générée par l'imprimerie.

Cette pluralité révèle l'aspect changeant de la société du dix-neuvième siècle, c'est un aveu de l'auteur historique de son impuissance à empêcher/ retarder l'évolution du monde et donc il reconnaît la nécessité de coopérer avec les forces responsables de ce changement. Le livre de même que la cathédrale est le véhicule de la pensée humaine et dans ce cas il permet au scripteur d'exorciser ses angoisses en les mettant par écrit.

b. Le passage de l'oral et du visuel à l'écrit

Au dix-neuvième siècle, il semblerait au premier abord qu'un changement soit intervenu dans la nature de l'écriture et, alors que par le passé l'écriture était tirée de la tradition orale, les périodes postérieures au moyen-âge se concentrent plutôt sur l'aspect textuel. En fait, la transition de la littérature orale à la littérature écrite a été progressive depuis le moyen-âge, contrairement à certaines croyances annonçant une brutale transformation, et au fil des siècles l'oralité a peu à peu été remplacée par la textualité, sans pour autant complètement disparaître. Selon M. Riffaterre:

> written texts resemble oral stereotypes and in general, formulaic style, which used to be the mnemotechnic grid that kept together long stretches of spoken narrative and protected the tradition (more specifically, the *traditio*) from a proliferation of *mouvance* (...) the principal mechanism of a written text [being] memory[8]

Cependant, même si textualité et oralité ne sont pas si éloignés l'un de l'autre, en tant que technique de diffusion d'un message donné, il semble difficile de recapturer l'atmosphère du moment passé. Au dix-neuvième siècle, bien que chez Hugo les personnages, l'histoire, et le lieu soient médiévaux, il s'agit en fait d'un faux retour vers le moyen-âge, d'un impossible rêve qui ne parvient pas à passer outre l'évolution des siècles. L'oralité médiévale fait place à la textualité dix-neuviémiste avec V. Hugo et alors que la page blanche devient l'instrument de recréation de la société d'antan, le scripteur se trouve incapable de recapturer totalement l' idéal moyenâgeux espéré.

Ce retour au quinzième siècle, vers Paris "où tout ce qui est sève, tout ce qui est vie, tout ce qui est âme dans une nation, filtre et s'amasse sans cesse goutte à goutte, siècle à siècle" (*Notre-Dame de*

Paris, p.146), et c'est ce texte, resitué au quinzième qui reflète le besoin de structure éprouvé par le narrateur, c'est la raison pour laquelle il établit des bornes historiques qui marqueront le début d'une ère, d'un livre. Tout est organisé dans le roman, le scripteur recrée des mondes coexistant en parallèle, Paris la cathédrale et le livre, et c'est à travers ces entités que les personnages évolueront. Ce désir de structure, d'organisation, de reconstruction et de restauration livresque des monuments ayant existé, met en exergue le désordre régnant au dix-neuvième siècle au niveau politique, social et économique. Il semble que pour éviter le renversement de l'ordre, chaque personnage se trouve cloisonné dans une fonction unique et dans un lieu. Chacun vit dans son monde sans pouvoir franchir les barrières établies par la société, et les moeurs: La Sachette vit dans son "trou aux rats" sans pouvoir en sortir (claustration volontaire qui perdra sa fille); Quasimodo partie intégrante de la cathédrale qui peut sortir, mais qui n'est à l'aise qu'avec ses cloches, pour lui l'enfer c'est les autres; la Esméralda qui, une fois qu'elle aura franchi le seuil de la cathédrale ne pourra en ressortir vivante; Frollo, prisonnier de sa folie, de son mental; Pierre Gringoire, rejeté du monde des auteurs, qui vit sur les pavés de la ville. Tous ces personnages fonctionnent dans leurs propres structures sans aucun problème jusqu'à ce qu'ils aient changé où essayent de changer de monde. Le cloisonnement des personnages est parallèle à celui de la ville, pourtant alors que Paris était une ville qui ne "pouvait se passer des deux autres [parties]" (*Notre-Dame de Paris,* p.148), les personnages pourraient très bien n'avoir aucune interaction entre eux, et survivre. Alors que dans le cas de nos personnages, dès qu'il y a contact et amour, le personnage est condamné à perdre l'être aimé.

Alors que le livre est un essai de recomposition du réel, un remplaçant de la cathédrale: il permet au scripteur de reconstituer sa propre cathédrale de papier, qui, de façon ironique s'avère être plus stable que celle de pierre qui semble au dix-neuvième siècle avoir perdu toute valeur spirituelle. La rédaction de l'oeuvre enregistre tous les changements survenus au niveau politique et social qui sont alors reflétés dans la façon qu'a le narrateur de raconter l'histoire. En effet, la composition du roman n'est pas monolithique, mais elle est au contraire désunie, fragmentée et ambiguë, et ressemble en cela à la technique des chansons de geste, de la tradition orale. Le fil de l'histoire effectue maints retours en arrière, le narrateur ne cesse de revenir sur le passé et il ne peut s'empêcher de parler de différentes occurences ayant eu lieu pendant sa vie. Son récit est une série de discontinuités, tour à tour les personnages sont présentés comme à travers un compte- gouttes dans les différents chapitres: Quasimodo fait sa première apparition lors du concours de grimaces de la fête des fous (p.59); le nom de la Esméralda est chuchoté au chapitre suivant et elle ne devient un personnage à part entière que deux chapitres plus loin (p.88). Son histoire, cependant, n'est révélée qu'à la fin du livre lors de la réunion avec sa mère (la Sachette). Quant à la cathédrale, elle n'est mentionnée qu'au livre III. Frollo, lui, fait son apparition au début mais on ne découvre sa véritable nature qu'à la fin du roman. Ces techniques d'écriture de retardement ne font qu'ajouter du suspense au roman, mais il semble qu'il existe une autre raison, et que ces multiples voies/voix signalent le malaise de la société de l'époque. De même que le siècle voyait intervenir des changements continuels sur le plan politique, les lecteurs de *Notre-Dame* découvrent alors la réalité derrière le titre; il ne s'agit pas seulement d'un édifice de pierre, mais aussi d'un édifice de papier sur lequel les personnages s'animent et vivent leur vie. Cette fragmentation dans le récit approfondit la fissure existant dans la société du dix-neuvième siècle, dénonce un trouble déjà ancien et signale la fin d'une ère, et le début d'une nouvelle. Le roman peut se comprendre comme une série de blocs pluralithiques qui se correspondent, faisant surface à différents moments donnés et qui représentent le malaise ambiant au sortir du régime de la Terreur. Ces petits monolithes symbolisent la disparition du monisme qui existait et annonce la venue d'un monde nouveau sous l'égide de la pluralité. Ayant reproduit par écrit les bouleversements survenus dans la société, l'auteur peut alors prendre conscience des faits et les examiner à postériori.

Cette fragmentation narrative est donc le reflet de la société et de la pensée du narrateur qui se préoccupe de l'avenir de son pays, elle dévoile le manque d'unité existant en France à l'époque, au lieu de nous montrer une écriture monolithique, une pétrification en quelque sorte, elle représente la peur du progrès, des changements qui laissent les indivivdus dans l'obscurité. Cette narration personnifie les hésitations et incertitudes du scripteur qui se permet de les partager avec son public. En dépit de son aspect fragmentaire, le roman est une tentative de reconstitution de Paris au quinzième siècle et ce retour en arrière produit un autre monument: la cathédrale de papier, plus petite que la ville, mais bien plus grande au niveau de sa portée, malgré sa petitesse apparente.

CONCLUSION

Tout au début, le roman de Victor Hugo porte à croire à la restauration problématisée et au succès de ce retour aux "sources" (au moyen-âge), car toutes les pièces du puzzle semblent s'emboîter parfaitement les unes dans les autres. Cependant, la dernière pièce manquante ne paraît pas s'harmoniser avec le reste de l'oeuvre. En effet, pour clore sa boucle Hugo aurait dû pouvoir réutiliser le style de la narration médiévale, la rhétorique de l'époque dans laquelle il avait resitué son oeuvre. Mais l'influence de son siècle et l'évolution des styles rend impossible une telle réussite et cette lacune dans la rédaction de *Notre-Dame de Paris* permet aux lecteurs contemporains de voir la faille apparaître et s'aggrandir de page en page. Ce défaut est tout simplement le résultat de l'évolution des siècles et une manifestation d'un impossible retour aux sources si "pures" et idéales du moyen-âge. Le livre est donc une tentative de restauration manquée, un moyen par lequel le narrateur pensait voir s'acccomplir la marche en arrière, vers le quinzième siècle, période de toutes les transitions, qui s'avère être un échec. Cette tentative de reconstruction d'un passé disparu s'avère impossible, et c'est pourquoi il nous faut maintenant nous tourner vers une autre technique de reconstitution avec l'oeuvre de J.K.Huysmans dans laquelle l'auteur évoquera de multiples tentatives pour trouver une stabilité qui lui faisait défaut.

NOTES

---

[1] Victor Hugo, *Notre-Dame de Paris,* [Paris: Librairie Générale Française, 1972] 141.

[2] Ian Dunlop, *The Cathedral's Crusade*, [London: Hamish Hamilton Ltd., 1982] 94-95.

[3] Anne F. Janowitz, *England's Ruins*, [Cambridge: Basil Blackwell, Inc., 1990] 10.

[4] Janowitz, *England's Ruins*, 10.

[5] Georg Lukàcs, *The Historical Novel* [trad.Hannah and Stanley Mitchell, Lincoln: University of Nebraska Press, 1983] 26.

[6]N'oublions pas que Notre-Dame révèle "an exquisitely proportioned design of the highest quality (...) It is clear that the openings in Paris, in the relationship between closed and open wall surfaces, determine the appearance of the façade, in which organic forms, recessed effects, latice patterns and incised and moulded outlines all play their part (*High Gothic* p.103)

[7]Hans Jantzen, *High Gothic*, [Trad. James Palmes, Princeton N.J.: Princeton University Press, 1984] 72.

[8]Marina S. Brownlee, Kevin Brownlee, and Stephen G. Nichols eds., *The New Medievalism* [Baltimore: the Johns Hopkins University Press, 1991] 29-30.

CHAPITRE III

Huysmans, un regain d'espoir

Dans cette fin de siècle à la dérive, il reste peu d'espoir de trouver un semblant de stabilité, et une réponse à la question de chaque auteur. Chacun d'entre eux a essayé plusieurs formes littéraires pour tenter de résoudre le problème, cependant rien n'y a fait.

C'est avec la littérature "décadentiste" que Huysmans manifestera son désespoir et le sentiment d'un vide existant dans sa vie. Il parviendra à une réponse à travers l'écriture de ses romans successifs, exprimant le besoin que le scripteur ressentait de rencontrer la voie de la stabilité, pour découvir enfin la réponse à ses questions. C'est lors de ses pérégrinations à travers les siècles, que le scripteur construira sa propre cathédrale de papier (littéraire) avant de parvenir à la cathédrale de pierre (lieu physique et spirituel) dans son dernier ouvrage, *La Cathédrale*. Pour y parvenir le chemin fut long et laborieux, mais le scripteur n'ayant pas de répit, il continuera jusqu'à ce qu'il atteigne le but désiré: la spriritualité qui manquait, d'après lui, en cette fin de siècle. En effet, à travers son cheminement, le scripteur dévoile son désir de se plonger dans la spiritualité. Il s'attacha dès lors à chercher une solution à travers l'écriture et la réflexion, dont les pas au cours de sa carrière l'entraîneront sur le chemin de la conversion.

La première base fut jetée lors de la rédaction d'*A rebours*, dont Hysmans dira vingt ans après:

> mais ce qui me frappe le plus, en cette lecture, c'est ceci: tous les romans que j'ai écrits depuis *A rebours* sont contenus en germe dans ce livre. Les chapitres ne sont, en effet, que les amorces des volumes qui les suivirent (*A rebours*, p.62)

Cette bible du décadentisme annonce le reste de son oeuvre, et pose "des jalons inconsciemment plantés pour indiquer la route de *Là-bas*" (*A rebours*, p.63). C'est à travers la rédaction de son oeuvre littéraire et artistique que Huysmans se rendra compte de la voie qu'il devait suivre. C'est après avoir publié cette oeuvre que Huysmans se mettra en quête de spiritualité et rédigera sa trilogie de la conversion avec *En route* (1895), *la Cathédrale* (1898) et *L'Oblat* (1903). C'est sous l'angle de l'itinéraire de la conversion que nous allons examiner les différents aspects des monuments vus par Huysmans, et tenter de voir comment, et à quelles fins ils furent utilisés par l'auteur.

Les *A rebours* et l'artificialité du matérialisme ambiant

Lors de la rédaction d'*A rebours*, Huysmans crée ce qu'on pourrait appeler la fausse architecture individualiste avec la claustration volontaire de Des Esseintes dans un monde où règne l'exagération. Il s'agit d'une manifestation de son désir de libération du joug naturaliste, ainsi que l'échec de l'esthétisme décadentiste. Le protagoniste empêche toute pénétration de l'extérieur, il semble ne plus répondre aux éléments du monde où il vit et se cloître dans un monde artificiel. La seule façon qu'il trouve pour survivre est de se procurer des sensations qui se situent dans le domaine surnaturel, et donc de faire abstraction du quotidien. C'est ce malaise exprimé par le personnage de Des Esseintes qui est une preuve encore plus prégnante de la difficulté qu'éprouvaient certains auteurs de l'époque à faire face au mal du siècle, lorsque "le forçat de la vie [Des Esseintes] s'embarque seul, dans la nuit, sous un firmament que n'éclaire plus les consolants fanaux du vieil espoir" (*A rebours*, p.361). C'est ce vide absolu, cette nuit noire qui lui fait prendre conscience de l'arridité de sa vie, qu'il traverse sans but, et à laquelle il faut remédier.

Huysmans, à travers ses romans, se tourne alors vers le passé car "la société n'a fait que déchoir depuis les quatre siècles qui nous séparent du moyen-âge" (*Là-bas*, p.128) et se plonge dans un moyen-âge sanglant. En effet, *Là-bas*, le roman du satanisme moderne, est bien plus que cela, c'est un exutoire aux colères du scripteur qui souffre d'une frustration créée par l'instabilité de son siècle. Il se tourne alors vers l'esthétisme décadent qui influencera l'art nouveau et l'expressionisme. Il opère un rejet complet du naturalisme pur, car "des théories, qu'il avait crues inébranlables, s'entamaient maintenant, s'effritaient peu à peu, lui emplissaient l'esprit comme des décombres" (*Là-bas*, p.36) et c'est alors que resurgit l'idée de ruines. De nouveau, la même mélopée emplit les pages du roman et signale ce mal de fin de siècle, l'instabilité, l'aspect changeant de la société et des arts de l'époque. Tout est en perpétuel mouvement, et le scripteur ne voit comme solution que de se tourner vers un "naturalisme spiritualiste" (*Là-bas*, p.36), c'est ainsi que le scripteur répond à ce problème par la création d'une oeuvre d'art, objet littéraire autonome. Ce roman n'est que le début de plusieurs quêtes nécessaires à l'évolution spirituelle de l'auteur et du protagoniste; et lorsque les quêtes précédentes n'aboutissent pas, il ne reste plus à l'auteur historique qu'à faire marche arrière vers un passé "plus aéré[] et moins plane" (*Là-bas*, p.46). C'est la rédaction de *Là-bas* qui sera l'occasion d'un retour vers le moyen-âge de Gilles de Rais. Lors d'une discussion avec des Hermies, ce dernier conseille au narrateur de "reprendre haleine et [de s']asseoir dans une autre époque, en attendant d'y découvrir un sujet à traiter qui [lui] plût" (*Là-bas*, p.46). L'arrêt dans une autre époque, utilisé par V. Hugo serait peut-être la solution à ce besoin d'air frais éprouvé par le narrateur, et c'est ce second souffle qui touchera le narrateur lorsqu'il se mettra à rechercher l'histoire de Gilles de Rais et son moyen-âge terrifiant.

Le scripteur ayant récusé le naturalisme qui "condui[t] à la stérilité la plus complète" (*Là-bas*, p.35), s'étant tourné vers l'histoire, prend comme cible/modèle Gilles de Rais, ce personnage démoniaque, égorgeur d'enfants. La nostalgie du passé engendre un repli du narrateur sur lui-même et génère un retour vers le moyen-âge, où il essaie de récupérer le sens de la vie, et les monuments religieux sont un moyen de retrouver la foi: "le jour où Durtal s'était plongé dans l'effrayante et délicieuse fin du moyen-âge, il s'était senti renaître" (*Là-bas*, p.46). Il arrive à se replonger dans le moyen-âge au travers de deux lieux situés temporellement au dix-neuvième siècle, mais qui dès qu'il y pénètre lui montrent des ailleurs. C'est ainsi que la progression de Durtal, le protagoniste, passe du retour vers Tiffauges, le château de Gilles de Rais, à la tour des Carhaix et ne s'arrêtera qu'avec ses romans suivants: *La Cathédrale* et *L'Oblat* dans lesquels la cathédrale dépasse le stade du simple édifice moyenâgeux; elle devient la concrétisation de la quête et la manifestation physique de la foi.

Sur le chemin du pèlerinage de Durtal, la cathédrale se dessine et passe du niveau matériel au niveau spirituel. Ce repli sur soi crée, chez le narrateur, un espace intérieur qui est à la fois médiéval et monumental; médiéval en fonction des références à l'histoire de Gilles de Rais au XVe siècle, mais aussi monumental car l'histoire de Gilles de Rais est indissociable de sa vie dans le château, que le narrateur, lors d'un voyage à Tiffauges, reconstitue car: "tout cela (...) c'est le squelette d'un donjon mort; il conviendrait pour le ranimer de reconstituer maintenant les opulentes chairs qui se tendirent sur ces os de grès" (*Là-bas*, p.126), et ainsi Durtal "se figura, dans le fastueux château, Gilles et ses amis" (*Là-bas*, p.127). Ce retour en arrière est un des symptômes de la nostalgie d'un passé qui s'efface représenté par l'isolement moral et physique du scripteur et de ses personnages. Ce retrait hors du siècle où il vit et cette claustration volontaire dans le passé méritent d'être examinés, c'est la raison pour laquelle nous allons étudier la signification des différents espaces où évolue le narrateur.

1. L'espace médiéval

C'est une représentation du dessin de la renaissance générée par une quête, celle d'un être perdu dans un siècle tombé en décrépitude, symbolisée par la rédaction d'*A rebours*, puis par une deuxième quête rapportée dans *Là-bas*, dans un ailleurs où Gilles de Rais était lui aussi en quête de spiritualité. La quête de ses deux hommes ayant vécu à deux époques différentes se rejoint pourtant lorsque Durtal se penche sur la folie mystique à laquelle Gilles de Rais avait donné libre cours. C'est en revivant le destin de ce personnage monstrueux que le narrateur pourra enfin essayer de donner un but à sa vie, et sortir de cette torpeur dans laquelle il s'était réfugiée pour échapper à son siècle.

Le narrateur va s'enfermer, se dissocier du monde où il vit pour essayer de retrouver un semblant d'équilibre mental et tenter de reprendre goût à la vie. Dès le premier chapitre, cette idée de quête est mise en exergue, car le roman examine deux histoires ayant comme point commun deux personnages isolés dans leurs siècles respectifs. La prise de conscience de cet isolement par le narrateur survient après une scission par à-coups, lorsqu'il se rend compte qu'il

> avait cessé, depuis près de deux années, de fréquenter le monde des lettres; les livres d'abord, puis les racontars des journaux, les souvenirs des uns, les mémoires des autres, s'évertuaient à représenter ce monde comme le diocèse de l'intelligence que les littérateurs se divisaient, à l'heure actuelle, en deux groupes,le premier composé de cupides bourgeois, le second d'abominables mufles (*Là-bas*, p.45)

Il lui avait fallu deux années de retrait du monde dans lequel il vivait pour se rendre compte du dégout qu'il ressentait envers ce dernier. Cette retraite anticipe en quelque sorte le cheminement du protagoniste dans les romans suivants, et révèle au public son désir d'un ailleurs. C'est au moment où il se replonge dans le passé, qu'il secoue le joug de ce monde qu'il exècre et, tel le Phoénix, renaît de ses cendres en fouillant le passé de Gilles de Rais. Ce repli vers la sphère intérieure de l'esprit est une fuite en arrière et ne peut s'effectuer que par un oubli total du monde moderne:

> [Durtal] s'organisa une existence loin du brouhaha des lettres, se cloîtra mentalement dans le château de Tiffauges auprès de Barbe-Bleue et il vécut en parfait accord, presque en coquetterie avec ce monstre (*Là-bas*, p.46)

Le scripteur manifeste le mal du siècle par cette dualité existante dans son esprit, et alors qu'il critique Durtal pour son attitude, il se penche tout de même sur lui, ayant l'air d'exorciser les démons pour faire face à la réalité de son siècle. Gilles de Rais semble être, au moyen-âge, l'alter ego de Durtal, la machine permettant de faire avancer la quête de ce dernier. Celui-ci excuse en quelque sorte la conduite de Gilles de Rais, car:

> du Mysticisme exalté au Satanisme exaspéré, il n'y a qu'un pas. [Les extrêmes se touchent.] Il a transporté la furie des prières dans le territoire des à Rebours (*Là-bas*, p.73)

L'intérêt du narrateur est de faire marche arrière vers les origines et de découvrir les sources du mal et le personnage de Gilles de Rais se trouve être la personne possédant un "mysticisme naturel" (*Là-bas*, p.73). Cette aura qui l'enveloppait lors d'horribles pratiques sataniques attire le narrateur qui voit en lui un homme désespéré

> car il est presque isolé dans son temps, ce baron de Rais! Alors que ses pairs sont de simples brutes, lui, veut des raffinements éperdus d'art, rêve de littérature térébrante et lointaine, compose même un traité sur l'art d'évoquer les démons, adore la musique d'Eglise, ne veut s'entourer que d'objets introuvables, que de choses rares (...) Il était le Des Esseintes du quinzième siècle (*Là-bas*, p.69-70)

Gilles de Rais est lui aussi en quête de "littérature ténébrante et lointaine", en tant que mode de création et présentant la possibilité de fuir le quotidien et lui ouvrir une issue de secours en dehors de son siècle.

De l'avant vers l'arrière, le narrateur à force de chercher le bonheur dans le monde du futur se tourne vers le passé et reconstitue la même histoire avec des protagonistes différents. Au lieu de s'enfermer dans une maison, tel Des Esseintes, Gilles de Rais se sépare du monde qui l'entoure et se lance à la découverte de l'inconnu, du satanisme, et c'est ce qui fera à une autre échelle le narrateur..

a) le personnage de Gilles de Rais:

Prisonnier de son siècle, sans aucun moyen d'y échapper, ce dernier se livre à des pratiques sataniques pour fuir son monde bourré de "simples brutes". Son siècle ne le satisfaisant pas, il se tourne vers des rites cabalistiques qui seront peut-être un exutoire à ses frustrations et un moyen de combler son vide existentiel. Ce bourreau infanticide est un être qui semble, selon le narrateur, crier son malheur à la face du monde et rêve lui aussi de "littérature lointaine". Ce désir de fuite en arrière, au loin, est une manifestation de la stagnation que ressentait Gilles de Rais à son époque; c'est pourquoi cet être désespérément malheureux se lance à la recherche d'un ailleurs. Durtal compare alors ce personnage moyenâgeux à Hyacinthe Chantelouve, qui comme Gilles de Rais "se divise en trois êtres qui diffèrent" (*Là-bas*, p.210). Hyacinthe

Chantelouve compare elle aussi le moyen-âge à l'époque moderne et mentionne que

> il en a toujours été ainsi; les queues de siècles se ressemblent. Toutes vacillent et sont troubles. Alors que le matérialisme sévit, la magie se lève. Ce phénomène reparaît, tous les cent ans. Pour ne pas remonter haut, vois le déclin du dernier siècle (*Là-bas*, p.238)

Alors que le siècle se termine sans véritable solution pour les auteurs étudiés, le cercle vicieux continue, chaque période de transition laisse derrière elle des désastres innombrables et Gilles de Rais et ses pratiques ne sont que le reflet de ce mal de fin de siècle. Durtal, lui non plus ne sait plus où se tourner et le passé qui l'attirait lui révèle des pratiques qu'ils ne peut tolérer, alors qu'elles avaient attiré son sujet d'étude: Gilles de Rais.

b) le personnage de Durtal:

Il déclare qu'il se trouverait perdu sans rien avoir à faire, qu'il craint de voir approcher la fin du roman, et dit lors d'une conversation avec des Hermies:

> Au reste, je ne désire pas qu'il [le roman] se termine. Que deviendrai-je alors? Il faudra chercher un autre sujet, retrouver la mise en train des chapitres de début si embêtants à poser; je passerai de mortelles heures d'oisiveté. Vraiment quand j'y songe, la littérature n'a qu'une raison d'être, sauver celui qui la fait du dégoût de vivre (*Là-bas*, p. 217).

Ce personnage est le porte-parole du scripteur et il tente de manifester le besoin du narrateur de trouver un sens à sa vie. L'écriture permet au scripteur de faire une psychanalyse de son personnage, d'examiner le problème et, au fil des pages, de trouver la solution. C'est ainsi qu'en travaillant sur l'histoire de Gilles de Rais, le narrateur peut se replonger avec lui dans cette époque fascinante où il espère trouver sa voie. Cette fascination exercée par le narrateur fait qu'il ne parvient pas à se détacher de cet être monstrueux qu'était Gilles de Rais et pour un moment sa vie prend un sens. Le moyen-âge, qui est un retour en arrière, est le seul moyen qu' à le narrateur pour éviter de se perdre dans la vague du nouveau siècle, et partir à rebours est un moyen d'éviter d'être emporté par le flot des événements et des changements. Ce retour en arrière, dans le passé de Gilles de Rais est une étape dans la quête du narrateur qui espère atteindre un devenir meilleur, le satisfaisant. Gilles de Rais n'est pas le seul personnage à attirer l'attention du narrateur, car des Hermies lui a fait découvrir un autre personnage vivant en retrait du monde; Carhaix le sonneur de cloches.

c) le personnage de Carhaix:

C'est un être qui vit dans sa tour avec pour seule compagnie sa femme et ses cloches et semble vivre en dehors du temps, c'est d'ailleurs Durtal qui remarquera: "[qu'] il se trouvait avec les Carhaix, si loin de Paris, si loin de son siècle" (*Là-bas*, p.77). L'apparition de Carhaix stupéfie Durtal qui "n'avait jamais vu une telle pâleur et une si déconcertante face" chez cet homme qui possèdait "le teint livide exangue des prisonniers du moyen-âge "(*Là-bas*, p. 56). Carhaix est décrit comme le portrait vivant des prisonniers "interné[s]" dans les oubliettes, mais il possède un atout, car il a "l'oeil [] bleu, proéminent, en boule, l'oeil à larmes des mystiques" (*Là-bas*, p.57). Ce personnage possède une allure irréelle, quasiment surnaturelle, un air se conformant en tout point à l'idéal du scripteur. Il représente un refus du temps présent et une nécessité de s'enfermer dans une autre époque; là-bas et communique l'idée de stabilité à laquelle Durtal se raccroche dans sa quête. Carhaix est un symbole de cette fixité/stabilité, car il

> vivait en dehors de l'humanité, dans une aérienne tombe, croyait à son art, n'avait plus par conséquent de raison d'être. Il végétait, superfétatif et désuet, dans une société que les rigaudons des concerts amusent. Il apparaissait tel qu'une créature caduque et rétrograde, tel qu'une épave refluée sur la berge des âges, une épave surtout indifférente aux misérables soutaniers de cette fin de siècle (*Là-bas*, p.64)

La croyance en son art est la porte de sortie tant espérée par le narrateur, c'est ce besoin de croire pour ne pas s'enfermer dans un pessimisme ambiant, que le scripteur recherche, et dont il a l'exemple dans la personne de Carhaix. Ce dernier, ne peut plus supporter de vivre dans cette fin de siècle, et l'enfermement volontaire dans sa tour le manifeste bien, d'où la remarque de Durtal:

> encore un qui aime son époque autant que des Hermies et que moi! Enfin il a la tutelle de ses cloches et certainement parmi ses pupilles, sa préférée; en somme, il n'est pas trop à plaindre, car, lui aussi, il a sa petite toquade, ce qui lui rend probablement, comme à nous, la vie possible (*Là-bas*, p.64)

Chacun des personnages semble se raccrocher à "une toquade" de façon à ne pas se laisser emporter par le siècle de la révolution industrielle et éviter de penser à l'avenir en se récréant un monde bien à soi, loin des autres. Ces personnages ne seraient pas ceux qu'ils sont sans un objet aussi important qu'eux: les bâtiments où ils vivent.

2. l'espace monumental

La claustration n'est pas seulement la fuite en arrière, dans le passé, elle dépasse ce degré et devient un véritable enfermement dans le château pour Gilles de Rais, dans le clocher pour Carhaix, le sonneur de cloches et dans le passé, le château de Tiffauges pour Durtal. Ces trois personnages atteignent une stagnation dans leur développement et ils ne trouvent plus comme moyen que de fuir leur époque dans laquelle ils se sentent coincés, étriqués. Cette fuite dans le passé de Durtal et Carhaix et celle dans le satanisme et vampirisme de Gilles de Rais sont le portrait de personnages rejetant totalement le monde les entourant, qui vont tenter de trouver une issue de secours à travers leur quête.

Il s'impose donc de traiter trois histoires parallèles, dans deux sites différents; celles de Durtal qui "se cloîtra mentalement dans le château de Tiffauges" (*Là-bas*, p.46) et Gilles de Rais, et celle de Carhaix, le sonneur de cloches qui "n'a vraiment [ses] aises que dans [son] clocher ou dans cette chambre" (*Là-bas*, p.277) à Saint-Sulpice. L'un s'enferme dans la sphère de l'univers intérieur, le deuxième ne trouve comme échappatoire que le satanisme, ce qui dévoile le rôle de la pensée humaine comme lieu d'où l'on perçoit et d'où l'on se représente le monde. Quant au troisième, il n'a jamais quitté son édifice moyenâgeux, et il ne vit qu'en suspens, hors du temps.

a) le château de Tiffauges et sa signification: (Durtal/ Gilles de Rais)

Le maréchal, Gilles de Rais se renferme dans cette prison qui est non seulement matérielle: le château, lieu de toutes les horreurs, mais aussi mentale: sa folie mystique. Son isolement est double, créé par des couches successives de protection qu'offrent le bâtiment et l'esprit. Ainsi le symbolisme de la chambre/prison (cf. Tiffauges), qui selon les descriptions de Durtal ressemble à un labyrinthe, est en fait la représentation de l'esprit humain; la première étant le microcosme du second. Cette chambre est la manifestation à un niveau différent de la profondeur du problème de Gilles de Rais, quand s'échapper ne devient possible que de par l'esprit.

De même que Gilles de Rais, le personnage de Durtal éprouve le besoin de s'évader et de s'enfoncer de plus en plus profondément dans le château et l'esprit de Gilles de Rais. Ce départ vers la première couche (le château), qui est une place forte, et plus tard vers l'intérieur (l'esprit), une véritable prison où Durtal désire se cloîtrer, manifeste le désir du scripteur de choisir et d'analyser sa situation (s'échapper n'est-ce pas contrôler sa destinée au lieu d'être contrôlé par le présent?). Cette représentation "déconstruit" la notion réaliste du monument en tant que reflet d'une vérité éternelle, car ce dernier n'est en fait que l'enveloppe matérielle nécessaire au développement de la pensée; une fois ce pas franchi, le reste n'a plus d'importance et l'esprit devient le centre de contrôle. Le monument n'est plus, comme on l'a longtemps pensé, la seule protection face au monde, il n'est qu'une coquille vide qui n'est pas l'endroit le plus important reflétant la stabilité. L'esprit devient le lieu d'où il est possible de se souvenir et d'échapper au passage du temps par la pensée. Il est certain que les murs sont une protection efficace contre les éléments, mais seul l'esprit permet de se déplacer et de trouver un but à sa vie.

Durtal, qui avait fait le déplacement jusqu'à Tiffauges l'année précédente, décrit les lieux environnants:

> La campagne de Tiffauges que gâtait pourtant, un peu plus loin, près de la rivière de la Sèvre, un tuyau d'usine [seul objet signalant le modernité], restait en parfait accord avec le château, debout dans ses décombres. Ce château se décelait immense, enfermait dans son enceinte encore tracée par les débris de tours, toute une plaine convertie

> en le misérable jardin d'un maraîcher (...) En somme, l'extérieur du château révélait une place forte, bâtie pour soutenir de longs sièges; et l'intérieur maintenant dénudé, évoquait l'idée d'une prison où les chairs, affouillées par l'eau devaient pourrir en quelques mois (*Là-bas*, p.124-125)

Après avoir visité le château, Durtal ne peut s'empêcher de s'enfoncer dans le moyen-âge et de reconstituer la vie telle qu'elle devait être, car "tout était à reconstituer" (*Là-bas*, p.127), l'intérieur, les costumes, et finalement les habitants du lieu. Il ne peut s'empêcher de comparer les deux périodes, le moyen-âge et son propre siècle pour en arriver à la conclusion selon laquelle le dix-neuvième siècle "n'a pas inventé grand-chose (...) Il n'a rien édifié et tout détruit" (*Là-bas*, p.130). Il ne découle de ses pensées qu'une frustration de plus en plus croissante, car pour lui les progrès accumulés au fil des ans ne sont en fait que des reprises d'anciennes découvertes, telles que l'électricité qui "était connue et maniée dès les temps les plus reculés" (*Là-bas*, p.130), sans pour autant parvenir à un résultat satisfaisant. Le passé, enfermé dans le château du maréchal, était au moins vibrant, et de nouveau l'idée d'immuabilité refait surface car "ce qui est certain, c'est que les immuables classes, la noblesse, le clergé, la bourgeoisie, le peuple, avait à ce temps là, l'âme plus haute" (*Là-bas*, p.128). Cette peur du changement reflète de nouveau l'instabilité existant au dix-neuvième siècle, et se manifeste par un conservatisme ambiant de la part du narrateur, et par une critique acerbe de la société de son temps, car "la bourgeoisie [ayant] remplacé la noblesse a sombré dans le gâtisme et dans l'ordure" (*Là-bas*, p.130).

b) la sphère moyenâgeuse en plein Paris: le refuge de Carhaix:

Lors de la première prise de contact avec la tour et le couple Carhaix, Durtal se trouve emmené à Saint-Sulpice par des Hermies, et découvre qu'

> il se trouvait au milieu d'une tour qu'emplissait, du haut en bas, des madriers énormes en forme d'X, des poutres assemblées, frettées par des barres, boulonnées par des rivets réunies par des vis grosses comme le point. Durtal ne voyait personne. (...) Penché sur le précipice, il

> discernait maintenant sous ses jambes, de formidables cloches pendues à des sommiers de chênes blindés de fer (...) Et, au dessus de sa tête, dans l'abîme d'en haut, en se reculant, il apercevait de nouvelles batteries de cloches (*Là-bas*, p.56)

Le refuge, loin du monde moderne dans lequel se cloître Carhaix est une protection constante contre la modernisation, et un refus complet de la société en perpétuel mouvement. Là encore, l'abri de la tour est un symbole du besoin de protection éprouvé par certaines personnes, c'est la possibilité de se renfermer, de ne vivre que pour soi, selon ses propres convictions. D'après des Hermies, Carhaix "en a, pour quelques années encore (...) Après quoi, il sera temps qu'il meure [car] L'Eglise, qui a déjà laissé introduire le gaz dans les chapelles, finira par remplacer les cloches par de puissants timbres" (*Là-bas*, p.62). La fin de siècle s'approchant, la modernisation prime et prend la place de tout ce qui existait, la révolution industrielle atteint son paroxysme, il faut alors faire table rase du passé, et entrer de plein pied dans l'ère industrielle. Dans ce lieu, loin du temps Durtal se rend compte qu'il n'est pas le seul à se soucier de la disparition de tout une époque, et c'est en compagnie du sonneur de cloches et de sa femme qu'il "éprouvait la soudaine détente d'une âme frileuse presque évanouie dans un bain de fluides tièdes" (*Là-bas*, p.77), car "on est loin ici des idées et du langage du Paris moderne! - Tout cela nous réfère au Moyen Age" (*Là-bas*, p.258). Cette tour "si bien hors de Paris, si bien dans les là-bas, si loin dans les vieux âges" (*Là-bas*, p. 278) tient lieu, en quelque sorte, de catalyseur et permet de revivre l'époque disparue. C'est le lieu d'où Durtal se livre à des discussions sur le satanisme et rejoint un groupe de personnes qui ne veulent pas que les idées moyenâgeuses se perdent à l'arrivée du siècle nouveau. C'est ainsi que Durtal fait référence à d'autres auteurs de son siècle pour qui le mal de vivre était flagrant, et il opère un parallélisme de *Là-bas* avec le chapitre de Hugo dans *Notre-Dame de Paris*, qui survient lorsque Durtal précise que

> Paris à vol d'oiseau, c'était intéressant au Moyen-Age, mais maintenant! Les édifices qui émergent (...) sont noyés dans la déplorable masse des monuments plus neufs (*Là-bas*, p.223)

Les quêtes qui se sont déroulées sous nos yeux n'aboutissent pas et Durtal se tournera alors vers *La cathédrale*, puis *L'oblat*, roman dans lequel s'accomplira sa conversion. La claustration à l'intérieur permet au narrateur de parvenir à un aboutissement de la quête, malgré l'absence d'une réponse positive.

3. Le chemin de croix: *la Cathédrale* et *l'Oblat*

C'est dans le second ouvrage de la trilogie de la conversion que le scripteur subira les assauts de la religion et qu'il se réfugiera à Chartres pour examiner l'état de sa foi. Là, à l'abri du regard des autres, le scripteur se laissera aller à la contemplation de la cathédrale médiévale et essayera de trouver sa vocation. Pour cela, il se livrera à une analyse très minutieuse du bâtiment et de la signification qui s'en dégage, et c'est en fonction de cette étude du scripteur que nous pourrons comprendre et interpréter ce retour vers un monument du moyen-âge: la cathédrale de Chartres.

Dans ce roman, le retour ne s'effectue plus vers un personnage du passé, comme il en avait été le cas avec Gilles de Rais, mais il s'agit plutôt d'un cheminement intérieur en quête d'un absolu introuvable dans le passé, mais possible dans les recoins de la cathédrale. C'est avec le scripteur qui se livre à une dissection de l'édifice que nous étudierons la symbolique du lieu et une fois de plus le retour aux sources vers les cathédrales des XIIème et XIIIème siècles.

a) La cathédrale médiévale et ses représentations:

Dans ces oeuvres de la conversion, le narrateur analyse la situation à l'intérieur de la cathédrale, il examine particulièrement les images multiples que lui renvoie la cathédrale, et qui véhiculent le message divin recherché par le scripteur. La vision de la cathédrale dépasse le niveau purement matériel, une masse de pierres travaillées, pour atteindre une symbolique et montrer au narrateur ce chemin tant recherché.

La cathédrale et les représentations féminines:

Dans ce deuxième roman de la conversion, le narrateur se trouve en proie à un dilemme, celui de la conversion et l'entrée à l'oblature, et tente de le résoudre en allant à Chartes pour trouver sa voie. Ce chemin de croix à travers les méandres de la cathédrale est plein d'images diffusées par la cathédrale, et la première image qui nous est présentée, nous révèle l'aspect humain projeté par la cathédrale, qui est décrite à plusieurs reprises comme une personne dont les mains sont dressées vers le ciel et qui

> seule veillait, demandait grâce, pour l'indésir de ses souffrances, pour l'inertie de la foi que révélait maintenant ses fils, en tendant au ciel ses deux tours ainsi que deux bras, simulant avec la forme de ses clochers les deux mains jointes, les dix doigts appliqués, debout les uns contre les autres, en ce geste que les imagiers d'antan donnèrent aux saints et aux guerriers morts, sculptés dans les tombeaux (*La Cathédrale*, p.45)

La cathédrale comparée à un être humain tourné vers le ciel, priant, est de nouveau un macrocosme de ce qui se passe à l'intérieur de la cathédrale, lors des prières dominicales. C'est un être à part entière emprisonné dans un moule de ciment qui ne peut se modifier, c'est un bloc monolithique, inchangé depuis sa construction, comme le sont les femmes auxquelles on la compare. Le rapprochement entre la cathédrale et ces femmes venant faire pénitence dans la cathédrale ne peut que s'effectuer dans l'esprit des lecteurs, lorsque Durtal s'avère surpris quand un prêtre fait mention de femmes vivant au dix-neuvième siècle dont la foi est restée aussi forte que celle des femmes du moyen-âge. Ces dernières venant toujours se recueillir au sein de la cathédrale, "croyaient naïvement, bonnement, ainsi que l'ont crut au Moyen Age" (*La cathédrale*, p.39). Ce retour en arrière, vers une foi aujourd'hui disparue, est pour le narrateur un événement inestimable qui lui montre que le retour est possible si l'on croit. La cathédrale est comparée à des femmes, qu'elle abrite, mais l'intérieur révèle au narrateur l'image d'une autre femme, image très forte dans la littérature huysmanienne: la Vierge et

> tous, au Moyen Age avaient voulu offrir à la Vierge une image de verre et, en sus des cardinaux et des rois, des évêques et des princes, des chanoines et des seigneurs, les corporations de la ville avaient commandé, elles aussi, leurs panneaux de feu (*La Cathédrale*, p. 273)

La vierge est évidemment un des plus grands cultes de l'époque médiévale et cette référence dans *La Cathédrale* reflète bien l'attrait exercé par cette période sur le narrateur qui évoque dans sa correspondance:

> Ah! au fond cette Vierge, jeune, blanche et bleue, sans enfants, sans croix, n'est point celle que je préfère! J'aime mieux la Mère des douleurs du Moyen Age[1]

La cathédrale reste inchangée, tout comme la croyance de ces femmes qui "pleuraient d'amour devant l'Inaccessible qu'elles forçaient, par leur humilité, par leur candeur, à se révéler, à se montrer à elles" (*La Cathédrale*, p.39). Immuable quant à sa majesté, Notre-Dame de Chartres reste égale à elle-même dans sa beauté, et elle influence le narrateur à cause de la ferveur qui se dégage de ses ouailles. Les images se multiplient dans la cathédrale, lieu de recceuillement, mais aussi de découverte pour le narrateur qui voit sa cathédrale comme un navire, emmenant les fidèles avec elle et leur montrant le chemin à suivre

La cathédrale, navire de la chrétienté:

Dès le début de ce roman, la cathédrale semble s'animer et prendre l'aspect de formes humaines, ou bien représenter des objets produits par des mains humaines. Comme nous l'avons déjà mentionné, elle est vue par le scripteur sous la forme d'une femme aux mains jointes en position supplicatrice. Cependant, elle possède également tous les éléments de la chrétienté, l'un d'entre eux étant d'être

> un immobile esquif dont les mâts sont les flêches et dont les voiles sont les nuées que le vent cargue ou déploie, selon les jours; elle demeure l'éternelle image de cette barque de Pierre que Jésus guidait dans les tempêtes (*La Cathédrale*, p.99).

La comparaison avec l'arche de Noé ne tarde pas, et elle permet au narrateur de conter les mérites de la cathédrale, de lire et d'en interpréter sa forme et ses dimensions. L'étude de l'aspect architectural dans la cathédrale permettra de continuer la quête avec le narrateur dans le domaine du monument.

En ce qui concerne la cathédrale médiévale à proprement parler, elle représente un symbole ayant perduré à travers les âges et qui, pour certains, possède toujours les mêmes attraits qu'à l'époque où elle fut construite. Tout en elle évoque le message divin pour Durtal et ses composants (les tuiles, les ardoises, les pierres, la chaux...) l'ont défendue contre toutes sortes de maux, qui se muent en parole divine pour le narrateur. La symbolique de la cathédrale devient extrêment puissante, c'est ainsi qu'elle se présente lors de la visite du narrateur et c'est la perception qu'il en a lorsqu'il la contemple. L'édifice n'est plus seulement une simple bâtisse, il devient un livre ouvert, de même que l'était la ruine, le monument entier est lui aussi soumis à la lecture et l'interprétation.

b) La cathédrale en tant que livre ouvert:

Si l'on considère que la cathédrale peut être déchiffrée comme un manuscrit, on peut alors la lire comme tel et l'interpréter selon son bon vouloir. Durtal perçoit

> maintenant l'église dans ses détails; son toit est le symbole de la charité qui couvre une multitude de péchés; ses ardoises, ses tuiles, sont les soldats et les chevaliers qui défendent le sanctuaire contre les païens parodiés par les orages; ses pierres, qui se joignent, diagnostiquent, d'après saint Nil, l'union des âmes, et selon le Rational de Durand de Mende, la foule des fidèles, les pierres les plus fortes manifestant les âmes les plus avancées dans la voie de la Perfection qui empêchent leurs soeurs plus faibles, interprétées par les plus petites pierres, de glisser hors des murs et de tomber; mais pour Hugues de Saint-Victor, moine de l'abbaye de ce nom, au XIIe siècle, cet assemblage signifie plus simplement le mélange des laïques et des clercs(...) la chaux, c'est la charité ardente et elle se marie par l'eau, qui est esprit, aux choses de la terre, au sable (...) [les fenêtres] elles sont l'emblème de nos sens qui doivent être fermés aux vanités du monde et ouverts aux dons du ciel (*La Cathédrale*, p.99-100)

Tout est transformé dans la vision qu'a le narrateur de la cathédrale qui lui parle, elle joue non seulement le rôle de livre des civilisation, mais elle possède également un pouvoir symbolique extrêmement important pour le narrateur qui découvre en elle ce qu'il avait tant recherché. Alors que dans les ouvrages précédents la cathédrale et le médiévisme qui s'en dégageait permettait au narrateur de déchiffrer l'usure du temps et des êtres humains, dans ce roman, la cathédrale est un livre qui laisse passer un message divin:

> En somme, se dit Durtal, malgré les dissidences, de quelques-uns de ses textes, la cathédrale est lisible. Elle contient une traduction de l'Ancien et du Nouveau Testament; elle greffe en plus, sur les Ecritures Saintes les traditions des apocryphes qui ont trait à la Vierge et à Saint Joseph, les vies des saints recueillies dans la Légende dorée de Jacques de Voragine et des monographies des Célicoles du diocèse de Chartres (*La Cathédrale*, p.171)

C'est une bible visuelle qui permet la lecture à tous et qui invite à la découverte de ses inscriptions, ce qui est la voie choisie par Durtal. La "greffe" de la cathédrale n'en est plus située au niveau matériel, elle s'est élevée à un palier supérieur et a atteint un niveau spirituel. Elle peut être interprétée de plusieurs façons et l'une d'entre elles est la spiritualité qui s'en dégage selon les yeux qui la déchiffrent. Les vies dont parle le narrateur sont celles de saints et personnages de la chrétienté. Bien qu'ayant toujours été inscrites sur les murs, les vies de ces personnages prennent une autre signification pour le narrateur cherchant sa voie. Elles lui communiquent le message qu'il cherchait dans les confins de la cathédrale, une réponse à ses questions sur sa destinée. Cette force dont Durtal avait besoin pour continuer à vivre, il la retrouve dans les murs de la cathédrale, chacun de ses aspects étant symbole de puissance. Ainsi, les pierres de la cathédrale "sont les quatre évangélistes, affirme la Prudence de Troyes" (*La Cathédrale*, p.100); "Quant aux contreforts, ils feignent la force morale qui nous soutient contre la tentation et ils sont l'espérance qui ranime l'âme et qui la réconforte" (*La Cathédrale*, p.100). Le bâtiment n'est plus ce lieu en perdition, reconstruit, restauré et recréé, il devient un symbole de force et d'avenir que ne pouvait plus lui fournir le siècle dans lequel vivait le narrateur. Ce dernier, s'étant tourné vers la religion, elle lui apporte donc ce qu'il n'avait pu trouver dans ses périples précédents dans l'avenir et dans le passé; et qu'il a pu retrouver à l'intérieur des murs de la cathédrale, n'avait pas suffi dans *Notre-Dame de Paris*, dont Durtal dira:

> cette cathédrale n'a plus d'âme; elle est un cadavre inerte de pierre (...) Cela tient-il à son abandon ? ...) Je ne sais,

> mais ce que je certifie, c'est que la Vierge n'y réside pas jours et nuits, toujours comme à Chartres (*La Cathédrale*, p.74)

Il est vrai que chez Hugo sa "vierge" de quelques semaines, la Esméralda, en avait été arrachée et qu'elle avait fini à Montfaucon. La cathédrale en tant que livre ouvert peut se lire de plusieurs façons, à l'extérieur, mais également à l'intérieur. Le narrateur, toujours en quête d'une réponse le satisfaisant pleinement, ne se limitera pas seulement aux murs, il pénètrera dans l'édifice et ce sera le début de son cheminement vers Dieu.

c) L'intérieur et le message divin:

Il est certain que la cathédrale est un lieu matériel et qu'elle représente une force recherchée par le scripteur, mais s'il est vrai que les murs révèlent des personnages de l'Evangile, ce que la cathédrale représente pour un chrétien comme Durtal est bien supérieur à ce premier niveau. Il ne s'arrête pas à ce qu'il peut voir sur les murs, c'est à l'intérieur que se trouve le véritable message et qu'il peut se permettre de se cloîtrer loin du monde. C'est d'ailleurs à l'intérieur de Chartres que lui était venue la révélation: "ce rêve de se retirer loin du monde, de vivre placidement, dans sa retraite auprès de Dieu, il l'avait poursuivi sans relâche" (*La Cathédrale*, p.165). Car, c'est à l'intérieur de cette bâtisse que tout prenait un sens oublié depuis si longtemps, c'est alors que

> cette symbolique des églises, cette psychologie des cathédrales, cette étude de l'âme des sanctuaires si parfaitement omise depuis le moyen-âge par ces professeurs de physiologie monumentale que sont les archéologues et les architectes, intéressait assez Durtal pour qu'il parvînt à oublier avec elle, pendant des heures, ses bagarres d'esprit et ses luttes (*LaCathédrale*, p.240)

Cette symbolique de la cathédrale est ce qui l'amènera à prendre ses résolutions et à partir pour Solesmes, où il parviendra à achever son éducation et trouver un but à sa vie. C'est dans *L'Oblat* que le scripteur toujours à la recherche de la voie idéale, toujours en quête d'une réponse se demandera:

> Oui, certes, s'affirmait-il, Solesmes est en France unique; l'art religieux y resplendit comme nulle part; le chant y est mûr à point, les offices s'y célèbrent avec une imperfectible pompe (...) mais quoi? et alors, en fait de réponse, c'était un recul de tout son être, une sorte de répulsion instinctive devant ce couvent dont la façade splendidement illuminée, rendait par contraste, les communs non éclairés qui en dépendaient, plus noirs (...) Et cela ne rime néanmoins à rien, convenait-il; je n'ai pas l'ombre d'une preuve que l'intérieur du cloître soit d'un autre style d'âme que celui de la façade (*L'Oblat*, p.25)

La question de l'intérieur de l'édifice par rapport à l'extérieur est au centre du problème pour le narrateur, et il ne cesse de faire volte-face, car il n'est pas encore tout à fait sûr de son cheminement. Les cathédrales ne sont pas, en effet, des coquilles vides de substance et si l'extérieur révèle le message divin, c'est à l'intérieur qu'à lieu la première prise de contact avec Dieu. Cependant, l'intérieur du cloître reflète l'intérieur de son coeur, mais le scripteur fort de ses incertitudes résiste à l'analyse, tout en essayant de raisonner sur les pourquoi de ses sautes d'humeur. Il est certain que le message divin n'est pas seulement dû aux murs qui entourent les cloîtres, cependant, il n'en est pas moins vrai que le cercle religieux est empreint d'une certaine aura qui prédispose les communiants à se plonger plus profondément dans une contemplation qui, dans le cas de Durtal, lui donnera la réponse à sa question, et lui montrera la voie à suivre.

d) Présent, passé et avenir:

C'est à la fin de *La Cathédrale* que le scripteur se posera la question sur son but dans la vie, errer d'une cathédrale médiévale à une autre n'étant pas un mode de vie, il s'interroge sur la fin d'une ère et le début du cheminement vers Dieu. Pour lui, la cathédrale est le symbole du

> résumé du ciel et de la terre; du ciel dont elle nous montre la phalange serrée des habitants, Prophètes, Patriarches, Anges et Saints éclairant avec leurs corps diaphanes l'intérieur de l'église, chantant la gloire de la Mère et du Fils; de la terre, car elle prêche la montée de l'âme, l'ascension de l'homme; elle indique nettement, en effet,

> aux chrétiens, l'itinéraire de la vie parfaite (*La Cathédrale*, p.327)

Cette vision de la cathédrale qu'il percevra à la fin de son cheminement à Chartres, lui fera comprendre l'union existant au sein de cet édifice où "cette allégorie de la vie mystique, décelée par l'intérieur de la cathédrale, se complète au dehors par l'aspect suppliant de l'édifice" (*La Cathédrale*, p.327). Une des réponses à sa question aura été résolue et ayant vu la représentation de Dieu sur terre, c'est ainsi qu'il choisira de partir vers Solesmes afin de réfléchir à l'oblature, car

> Il n'est pas simple, mais double mon ennui; ou tout au moins s'il est unique, il se divise en deux parties bien distinctes. J'ai l'ennui de moi-même, indépendant de toute localité, de tout intérieur, de toute lecture et j'ai aussi l'ennui de la province, l'ennui spécial, inhérent à Chartres. De moi-même, oh oui, par exemple! Ce que je suis las de me surveiller, de tâcher de surprendre le secret de mes mécomptes et de mes noises. Mon existence, quand j'y songe, je la jaugerais volontiers de la sorte: le passé me semble horrible; le présent m'apparaît, faible et désolé, et quant à l'avenir, c'est l'épouvante (*La Cathédrale,* p.162)

C'est ainsi que sur des paroles ayant résumé tout son cheminement idéologique et littéraire, à l'aube du vingtième siècle. il se tournera vers son dernier roman *L'Oblat* dont la conclusion sera: "ah! mon cher Seigneur, donnez-nous la grâce de ne pas nous marchander ainsi, de nous omettre une fois pour toutes, de vivre enfin, n'importe où, pourvu que ce soit loin de nous-mêmes et près de Vous!" (*L'Oblat*, p.424). C'est ainsi que revenu à la religion par l'art, le scripteur à travers le personnage de son narrateur, s'initie à la symbolique médiévale, à la liturgie et aux beautés authentiques de ce culte séculaire, où même l'art est une prière et révèle la voie divine. Il a réussi à échapper à ce monde petit-bourgeois qu'il exécrait tant, et qu'il n'a pu fuir qu'à travers la retraite dans les différents cloîtres visités, où il fera l'apprentissage de la liturgie et du plain-chant.

> Cette symbolique de l'église, qui se fera jour à travers l'oeuvre de Huysmans, sera présente en lui à chaque pas car: pourtant l'âme des cathédrales existe; l'étude de la

> symbolique le prouve. La symbolique, qui est la science d'employer une figure ou une image comme signe d'une autre chose, a été la grande idée du moyen âge, et, sans elle, rien de ses époques lointaines ne s'explique. Sachant très bien qu'ici-bas tout est figuré, que les êtres et que les objets visibles sont, suivant l'expression de saint Denys l'Aéropagite, les images lumineuses des invisibles, l'art du moyen âge s'assigna le but d'exprimer des sentiments et des pensées avec des formes matérielles, variées, de la vitre et de la pierre et il créa un alphabet à son usage. Une statue, une peinture, purent être un mot et des groupes, des alinéas et des phrases; la difficulté est de les lire, mais le grimoire se déchiffre (...) L'on comprendra cette importance attribuée à la symbolique, par le clergé, par les moines, par les imagiers, par le peuple même au XIIIe siècle, si l'on tient compte de ce fait que la symbolique provient d'une source divine, qu'elle est la langue parlée par Dieu même[2]

Le narrateur, fort de son apprentissage, aura trouvé la véritable raison de ses voyages à Chartres, la solution à ses questions et un échappatoire à l'enfermement de son siècle. C'est par l'art qu'il aura été conduit à la religion et c'est aussi par l'art, l'écriture qu'il trouvera sa voie, loin de la morosité de son siècle. Cette symbolique, dont il examine tous les détails, sera sa porte de salut, car il devra déchiffrer le message donné, et c'est à travers la transcription de ce message sur les feuilles blanches de ses romans qu'il atteindra le but désiré. Le livre ouvert de la cathédrale se transformera en livre ouvert du scripteur qui établira son propre monument, à la gloire de Dieu et de la Vierge, mais qui lui permettra de laisser un message en cette fin de siècle où le modernisme englobe tout, où les cathédrales sont de plus en plus désertées, où la foi se perd sous des armatures de béton.

CONCLUSION

Cette plainte de désespoir criée par Gilles de Rais, n'était-ce pas déjà là un aveu de l'échec de son siècle, de l'inutilité d'un retour aux sources, et de la stérilité du moyen-âge? En effet, le désir de Gilles de Rais de s'entourer "d'objets introuvables" semble être en soi la manifestation de l'impossibilité de l'aboutissement de la quête pour le narrateur. Le résultat de cette quête se révèle infructueux; il en arrive à la conclusion que le bonheur ne peut se trouver dans ce monde, et qu'il ne peut être que dans l'au-delà. Si Gilles de Rais ne trouva pas de quoi le satisfaire à son époque, quelles sont les chances de Durtal de faire de même? C'est alors que la seule solution qui se présente est la fuite dans un en haut, vers le monde de la spiritualité, c'est alors que le narrateur s'engagera, se mettra *En route* vers *La Cathédrale* pour enfin devenir *L'Oblat*. C'est ainsi que le parcours du scripteur qui est semé de questions, d'analyses et de déceptions ne trouvera une résolution qu'à l'arrivé à Solesmes dont le narrateur dira:

> j'achèverai mon éducation, je verrai et j'entendrai l'expression la plus parfaite de cette liturgie et de ce chant grégorien dont le petit monastère de Notre-Dame de l'Atre n'a pu, à cause du nombre restreint de ses officiants et de ses voix, que me sonner une réduction, très fidèle, il est vrai, mais enfin une réduction.
> En y joignant mes études personnelles sur la peinture religieuse, enlevée des sanctuaires et maintenant réunie sans des musées; en y ajoutant mes remarques sur les diverses cathédrales que j'explorai, j'aurai ainsi parcouru tout le cycle du domaine mystique, extrait l'essence du Moyen Age, réuni en une sorte de gerbe ces tiges séparées, éparses depuis tant de siècles, observé plus à fond l'une d'elles, la symbolique, dont certaines parties sont, à force de les avoir négligées, presque perdues (*La Cathédrale*, p.323)

Cette entrée en oblature sera pour le narrateur la seule option envisageable dans cette époque qu'il exècre et dont il n'est pas satisfait. C'est à travers l'art, le fil conducteur de chacun des romans de Huysmans que ce dernier, par l'intermédiaire du personnage de Durtal, que le scripteur cèdera à l'attrait qu'a toujours excercé sur lui le moyen-âge et s'engagera sur la voie religieuse de l'oblature. C'est à cette époque de sa vie que le scripteur trouvera enfin la paix et la sérénité tant recherchées, et où il pourra se livrer à ses études sans être dérangé. Le cycle étant terminé, le narrateur pourra se permettre de se poser en un lieu pour y séjourner et trouver enfin une raison à sa vie, là où il

> eut, à ce moment la vision précise d'un retour très en arrière, d'un hameau chantant les mélodies des Saint-Grégoire, au Moyen Age (...) c'était la reviviscence

> pendant quelques minutes d'une primitive Eglise où le peuple vibrant à l'unisson de ses prêtres, prenait une part effective aux cérémonies et priait avec eux, dans le même dialecte musical, dans le même idiome (*L'Oblat*, p.196-7).

Il avait enfin atteint la sérénité pour laquelle il s'était tant battue, et la solution en était la spiritualité au début du vingtième siècle. Les possibilités d'un retour vers le moyen-âge s'ameunuisant de plus en plus, nous allons examiner l'approche d'Emile Zola dans les deux romans naturalistes sur les cathédrales modernes, issue de la révolution industrielle. La religion et et moyen-âge n'étant plus à l'honneur en cette fin de siècle, certains auteurs naturalistes se tournent vers l'acier, qui exerce un attrait quasi magnétique et, comme c'est le cas chez Zola, dépeignent l'architecture des temps nouveaux. Le moyen-âge avait-t-il finalement disparu? c'est ce que nous étudierons dans *Le Ventre de Paris* et *Le Bonheur des Dames*.

NOTES

---

[1]Lettre de Huysmans à l'abbé Fontaine, 27 juillet 1905; cité par Guy Chastel, *J.-K. Huysmans et ses amis*, [Paris: Bernard Grasset, 1957] 195.

[2]Joris-Karl Huysmans, *Trois églises et trois primitifs*, [Paris: Librairie Plon, 1908] 4-6.

CHAPITRE IV

Zola, l'échec définitif?

Le renouveau médiéval qui a alimenté les beaux-arts et la littérature tout au long du dix-neuvième siècle commence à tarir vers cette fin de siècle, alors que le monumentalisme ne fait que prendre de nouvelles forces avec la construction de bâtiments de plus en plus gigantesques. En effet, c'est à la fin du dix-neuvième siècle que le fer remplace la pierre et que les grands bâtiments font leur apparition sur la scène et dans la littérature. Depuis les travaux du baron Haussmann, le siècle s'était laissé entraîner dans la démesure avec la construction des Halles de Paris et des grands magasins qui détrônèrent les petits boutiquers, de gares et de la Tour Eiffel. Ce monumentalisme entraîne l'apparition d'une littérature urbaine, qui à l'instar de Baudelaire et de Rimbaud présentent les problèmes auxquels devaient faire face les personnes de cette fin de siècle.

Dans *Les Fleurs du mal* ainsi que dans les *Petits poêmes en prose*, Baudelaire traite la question de la ville en prenant exemple sur Paris; c'est surtout dans "Le Cygne" qu'il observe la ville et qu'une faille apparaît dans la perception qu'il en a, comme si elle se fragmentait sous ses yeux. Pour lui, Paris se divise maintenant entre la ville de jadis et la cité moderne où le poète, ressentant ainsi le besoin de recréer son propre monde à travers la poésie, de façon à mieux pouvoir affronter la réalité, tente de trouver sa place. Dans l'imaginaire de Baudelaire, cette fragmentation perdure à travers les âges sans jamais offrir de réponse aux questions du poète, et ne cesse de s'accentuer. Elle résulte du fait que

> Baudelaire ne regarde pas Paris comme un romantique la nature - pour lui demander l'apaisement, l'infini ou la beauté que refuse l'existence. Le mouvement d'identification qui l'unit à sa ville ne découvre simultanément que la blessure, ou du moins la division, qui les habite tous deux[1]

Cette "blessure" qui s'ouvre est la représentation du malaise ambiant résultant des traumatismes causés par les régimes politiques du dix-neuvième siècle, et elle révèle le malaise du poète qui ne trouve pas de voie de secours. La "division" qui habite le poète n'est que le reflet de cette fin de siècle, pendant laquelle le "spleen" s'infiltra dans les âmes des artistes, qui ne firent que retransmettre leur douleur, car Baudelaire découvrit que "Le vieux Paris n'est plus (la forme d'une ville / Change plus vite, hélas! que le coeur d'un mortel)"[2] et que

> Paris change, mais rien dans ma mélancholie
> N'a bougé! palais neufs, échafaudages, blocs,
> Vieux faubourgs, tout pour moi devient
> allégorie,
> Et mes chers souvenirs sont plus lourds que des
> blocs (*Le Cygne*, p.151)

cela n'est que la conclusion logique d'une période où tout se bouscule, entraîné par le flot de la révolution industrielle. Baudelaire essaie de reconstituer son propre monde, de fuir la réalité urbaine qui le dévore intérieurement et à laquelle il semble ne pouvoir échapper: "En rouvrant les yeux pleins de flamme / J'ai vu l'horreur de mon taudis" (*Les fleurs du mal*, p.120), et c'est en dehors de l'instant présent qu'il recherchera l'unité perdue. C'est à travers la rédaction de ses poèmes qu'il communiquera le désir de retrouver les signes d'un monde antérieur et idéal à la fois, qui ne soit pas soumis aux lois de la fatalité du péché et à la nécessité de la souffrance.

Le monumentalisme moderne de la fin du dix-neuvième siècle ne s'arrêtera pas avec la poésie de Baudelaire, mais elle se répercutera sur un nombre infini d'auteurs. C'est ainsi que Rimbaud dénoncera dans *Les Illuminations* cet urbanisme de Paris où lui n'est

> qu'un éphémère et point trop mécontent citoyen d'une métropole crue moderne parce que tout goût connu a été éludé dans les ameublements et l'extérieur des maisons aussi bien que dans le plan de la ville. Ici vous ne signaleriez les traces d'aucun monument de supersitition[3]

Cette ville "**crue** moderne [c'est moi qui souligne]" est en fait la réflexion de la réalité quotidienne de la fin du dix-neuvième siècle, reflétant ainsi la crise politique, économique et sociale de l'époque où, les bâtiments modernes avaient remplacé les anciens, occultant ainsi le passé. La croyance selon laquelle le modernisme avait tout balayé commençait à être remplacée par une incertitude sur l'attitude à adopter sur les monuments anciens. Les "monuments de supersitition" semblent en effet avoir disparu pour laisser place à des maisons neuves, ainsi qu'à une façon de penser différente. Les poètes sont alors l'un des groupes à parler ouvertement des changements intervenus dans la vie des Parisiens, témoins des débats suscités par exemple par la construction de la Tour Eiffel. Rimbaud n'est qu'un des membres de la communauté intellectuelle de l'époque à faire étalage des variations survenues. D'autre part, dans "Villes I" le poète dépeint

> des chalets de cristal et de bois qui se meuvent sur des rails et des poulies invisibles. Les vieux cratères ceints de colosses et de palmiers de cuivre rugissent mélodieusement dans les feux (*Les Illuminations*, "Villes I" p.170)

faisant peut-être référence au Crystal Palace de 1851. Ailleurs, il dénonce l'architecture moderne qui ne fait que reproduire "dans un goût d'énormité singulier toutes les merveilles classiques de l'architecture" (*Les Illuminations*, "Villes II", p.171). C'est à la même époque que sortira le roman de Zola sur la ville, vue sous différents angles, qui n'en est que plus énigmatique. Dans *Le Ventre de Paris,* elle est véritablement mise à l'honneur, et le monde moderne semble triompher du "spleen" ambiant; car, lors de la rédaction du roman la révolution industrielle était entrée dans une ère nouvelle .

Ce chapitre va aborder le problème de la disparition de l'ancien et de la primauté accordée aux nouveautés décrites par Emile Zola dans deux de ses ouvrages. C'est à travers l'un d'entre eux, *Le Ventre de Paris* de 1873, que Zola traite la question de la ville de Paris et de son monument moderne, les Halles, dont le "souffle colossal"[4] balaie la ville dès son réveil, et s'impose à tous comme élément dominateur. La ville bat au rythme de cette gigantesque armature de fer et de fonte qui la réveille et la nourrit, succédant ainsi à la domination qu'avait eu pendant de longs siècles, la pierre dont étaient faites les cathédrales gothiques.

La ville en tant que telle était une entité qui depuis quelques années perdait de son unité, et l'opposition binaire entre ville ouverte et ville fermée commença à faire surface; le siècle poussant à la destruction des enceintes médiévales délimitant la ville. Ainsi, le dualisme entre l'idée d'espace fini et celle d'ouverture sera en opposition constante au dix-huitième siècle. D'où la naissance du concept d'une première rupture concernant la création de la ville au dix-huitième siècle, à travers la manière de comprendre et de remodeler le phénomène urbain, dans une ville qui, jusqu'à ce jour, apparaissait comme une entité autonome, tout à fait circonscrite dans ses murailles, définie par sa culture et séparée par ses quartiers. Et, lorsqu'au dix-huitième siècle, le désordre et la "barbarie" gothiques sont condamnés, tant par Voltaire jeune que par Louis Sébastien Mercier, notamment dans son *Tableau de Paris* de 1781-1788, les descriptions d'un Paris moderne affluent. Mercier traite des conditions de vie insalubres dans la capitale, où les rues sont

> étroites et mal percées, des maisons trop hautes et qui interrompent la libre circulation de l'air, des boucheries, des poissonneries, des égouts, des cimetières, font que l'atmosphère se corrompt, se charge de particules impures, et que cet air renfermé devient pesant et d'une influence maligne. Les maisons d'une hauteur démesurée sont cause que les habitants du rez-de-chaussée et du

> premier étage sont encore dans une espèce d'obscurité lorsque le soleil est au plus haut point de son élévation [5]

Il fait l'apologie de la ville de Paris dans sa réalité quotidienne, et si l'air des rues est vicié, c'est aux halles qu' "un coup d'oeil unique est celui que présentent au point du jour la halle aux fleurs et la halle aux fruits dans le printemps et l'été" (*Le Tableau de Paris*, p.175), notation suivie plus loin d'une description des premières halles

> sous lesquels subsiste encore la maison où est né notre Molière, le poète dont nous nous glorifions. [Où] règne une longue file de boutiques de fripiers, qui vendent de vieux habits dans des magasins mal éclairés, et où le tâches et les couleurs disparaissent (*Le tableau de Paris*, p.188)

Ces observations montrent l'ampleur et l'influence de la ville moderne à la fin du dix-huitième siècle et présagent en quelque sorte de la destinée de la ville au siècle suivant, avec la restructuration de la capitale. Le classicisme étant de nouveau à la mode, beaucoup prônèrent le retour à la tradition de la ligne droite: rues tirées au cordeau, obsession de l'alignement et évidence de l'utilisation du plan, qui présagent de l'agencement de l'architecture haussmannienne, même si la tradition de l'alignement eût du mal à s'imposer dans la construction des nouvelles villes. L'architecture, liée à l'histoire de son pays, se doit d'évoluer en accord avec les traditions de la période donnée, c'est ainsi que l'agencement des villes fut modifié dans une tentative pour se conformer aux nouvelles normes.

Loin de s'arrêter à une première rupture, une deuxième onde de choc se produit au dix-neuvième siècle, avec l'arrivée de l'industrialisation qui s'oppose en tous points à la structure et au concept même de l'architecture médiévale, et de la pierre. Le médiévisme rejeté par la Renaissance perd pied au dix-neuvième siècle, et la voix de la modernité souffle sur les villes.

Ces deux aspects, l'industrialisation et le renouveau médiéval, ne vont cesser de s'affronter tout au long du dix-neuvième siècle, particulièrement chez Zola qui essaiera de faire du neuf avec ses romans sur l'industrialisation, et la crise de société qui en découle. La croissance urbaine ayant atteint son paroxysme à cette époque; il se crée un décalage entre la croissance collective et le comportement individuel.

Les problèmes sociaux qui en résultent atteignent leur apogée dans *Le Ventre de Paris*, où l'on se débat sous la chaleur étouffante de l'acier qui a pris possession de la ville. L'interprétation sociologique de l'image de la ville au dix-neuvième siècle révèle que la vision de Paris chez Zola n'exprime pas la réalité, mais qu'elle est en fait la synthèse de toutes les villes de France. Selon Stefan Max:

> Paris se trouve par rapport à ses villes [de province] dans une situation privilégiée car il représente la synthèse de leurs diverses fonctions; il constitue par rapport au reste de la France, même par rapport au reste du monde, ce qu'est l'oeuvre par rapport au réel -- son élucidation et son rêve. La Ville-Lumière deviendra donc le décor d'événements extraordinaires qui auront souvent une signification cosmique. La métamorphose qui s'opère nous permettra de mettre en question le naturalisme auquel Zola se déclarait attaché. L'immense fresque qu'est Paris bouleverse notre conception du réel et nous entraîne bien au-delà du naturalisme. Si le lyrisme n'éclate pas davantage au regard, c'est qu'il s'agit d'un lyrisme objectif qui a toujours comme point de départ la réalité ou bien que la poésie est parfois trop obscurcie par un trop grand nombre de prises de vues.[6]

Zola ne vise pas à dépeindre la réalité quotidienne, mais à la transcender:

> Paris dans *l'Oeuvre, le Ventre de Paris, la Curée* ... est plus qu'une fresque, car Zola, au lieu de peindre platement la vie et les chroniques de la vie parisienne, veut surtout suggérer un lieu sensuel (parfois cérébral) où le temps s'annule. Son intention profonde est comme plus tard chez Joyce ou bien Claudel de nous faire voir par delà l'existence banale, une réalité artistique et représente la promesse d'un bonheur unique et insaisissable (*Les métamorphoses de la grande ville*, p.30)

Selon S. Max, Zola ne cherche pas en tant que naturaliste à donner une vision de la ville en respectant parfaitement la réalité des faits, mais il tente de dépeindre l'intemporalité, la recherche "d'un bonheur unique et insaisissable." Cette théorie renforce l'idée selon laquelle l'écriture exprime la quête de la stabilité, à travers la description de la capitale en tant que moyen par lequel l'auteur espère parvenir à son but.

Désormais, dans cette oeuvre, il ne s'agit plus d'un retour *ad fontes*, mais d'une marche en avant, vers le progrès, et du renoncement à l'architecture médiévale comme symbole de permanence. Elle fait l'apologie du monde moderne dans lequel l'ancien, enchevêtré dans le neuf, est occulté, englouti; c'est pourquoi Claude Lantier dira, en parlant de Saint-Eustache:

> C'est une curieuse rencontre, disait-il, ce bout d'église encadré sous cette avenue de fonte (...) Ceci tuera cela, le fer tuera la pierre et les temps sont proches... Est-ce que vous croyez au hasard vous, Florent? Je m'imagine que le besoin de l'alignement n'a pas seul mis de cette façon une rosace de Saint-Eustache au milieu des Halles centrales (*Le Ventre de Paris*, p.799).

La remarque de Lantier sur la position de l'église cernée par les Halles centrales manifeste l'incongruité de cette description. La pierre semble avoir été jetée en pâture à ce requin de fonte à la gueule ouverte, prêt à avaler tout ce qui lui résisterait. Pour Lantier, la position de l'église et des Halles n'est pas le fait du hasard, mais représente la manifestation symbolique de la fin d'une époque et le début d'une nouvelle ère. Selon son point de vue, le retour à "l'alignement" de la structure des villes n'est pas le fruit du hasard mais que c'est "tout un manifeste: c'est l'art moderne, le réalisme, le naturalisme, comme vous voudrez l'appeler, qui a grandi en face de cet art ancien" (*Le Ventre de Paris*, p.799). Cette technique de la ligne droite, n'est en fait qu'une reprise de la tradition architecturale classique que Lantier revendique comme moderne. En effet, si dans les oeuvres discutées dans les chapitres précédents le protagoniste devait se replonger dans le passé, ou trouver sa voie à l'intérieur d'une cathédrale médiévale, pour établir un semblant de stabilité; dans *Le Ventre de Paris*, l'acceptation de la réalité de la révolution industrielle semble annoncer le modernisme. Ce sont les modalités de cette acceptation qui seront examinées dans ce chapitre, à travers les vues des deux protagonistes que sont Claude Lantier, le peintre et Florent, l'ancien déporté de Cayenne.

1. Saint-Eustache: église du passé ou élément de permanence?

Récriture, parodie, inversion de *Notre-Dame de Paris, Le Ventre de Paris* réflète l'engloutissement de la pierre par la fonte, représente la concrétisation de la fin d'une époque, et la perte qui en résulte. Le palimpseste architectural, le monument médiéval, est remplacé par le palimpseste littéraire, la cathédrale de papier d'une nature autre que *Notre-Dame de Paris*, dans un but d'effacement du passé, vers une ouverture sur l'avenir. Le naturalisme zolien semble promouvoir l'intégration du bâtiment moderne, tout en supprimant les mouvements littéraires précédents, ainsi que l'histoire, car, dans ces oeuvres, le moyen-âge est englouti, encerclé, en un mot, étouffé par les bâtiments modernes. Il est vrai que si par le passé les bâtiments représentaient la stabilité, c'était à cause de la pierre qui constituait l'armature de l'édifice, et qui donnait vie à toute la structure. Par contre, au dix-neuvième siècle, lorsque la fonte remplace la pierre et que les cathédrales se vident de leur foule qui remplit d'autres lieux comme les Halles ou le Bonheur des Dames, la scission avec le passé se trouve accomplie. Tout semble d'ailleurs concorder avec cette vision nouvelle peuplée de "cathédrales modernes": les grands magasins, d'où la réflexion de Lantier qui dira qu'il "préférait ses tas de choux aux guenilles du moyen âge [car] on devait flanquer les vieilles cambuses par terre et faire du moderne" (*Le Ventre de Paris*, p.624). Tout dans ce texte révèle le désir du narrateur de faire du neuf, faire table rase d'un passé trop longtemps présent, repartir sur de nouvelles bases et tout "flanquer" par terre, alors que certains bâtiments existaient toujours. Or, "les guenilles" telles qu'il les perçoit représentent tout le patrimoine historique de la France, et ce sont des vestiges dont il est très difficile de se débarrasser. Cependant, comme nous l'avons vu dans les chapitres précédents, certains trouvent nécessaire d'occulter le passé pour repartir, selon eux, sur de nouvelles bases. "Faire du moderne" ne s'avère pas être une solution de facilité car les réminiscences d'un passé qui perdure en nous sont emmagasinées dans notre mémoire, et restent présentes à nos yeux dans ce Paris qui fait étalage de son modernisme quotidien. Le côté moderne de la capitale renvoie une image de domination de l'acier, mais la froideur dégagée par ce métal, avaleur, dévorant révèle la fêlure de l'armature qui ira s'élargissant.

L'église Saint-Eustache est donc la cible des attaques de Lantier, car elle représente l'un des derniers bastions de l'époque de pierre, près de ce quartier des Halles, qui essaie de résister à la pression montante des nouveaux bâtiments. Cette église apparaît sans beaucoup de défenses face à l'imposante masse de métal qui la domine, mais sa fragilité s'apparente en fait à sa force, car elle avait perduré depuis le seizième siècle dans l'esprit et la tradition gothique. Elle fut construite en 1532 par P. Lemercier sur les vestiges de l'église médiévale Sainte-Agnès, et dédiée à Saint-Eustache. Malgré que cette église date de la Renaissance, l'architecte qui l'édifia respecta en tout points le plan inspiré de Notre-Dame, et il créa une architecture respectant la pure tradition du gothique flamboyant, dont Lantier ne remarquera pas la beauté et la tradition, mais qu'il qualifiera

> d'une architecture bâtarde, d'ailleurs le Moyen Age y agonise, et la Renaissance y balbutie ...Avez-vous remarqué quelles églises on nous bâtit aujourd'hui? Ça ressemble à tout ce qu'on veut, à des bibliothèques, à des observatoires, à des pigeonniers, à des casernes; mais sûrement, personne n'est convaincu que le bon Dieu demeure là dedans. Les maçons du bon Dieu sont morts, la grande sagesse serait de ne plus construire ces laides carcasses de pierre, où nous n'avons personne à loger ... Depuis le commencement du siècle, on n'a bâti qu'un seul monument original, un monument qui ne soit copié nulle part, qui ait poussé naturellement dans le sol de l'époque; et ce sont les Halles centrales, entendez-vous, Florent, une oeuvre crâne, allez, et qui n'est encore qu'une révélation timide du vingtième siècle ... C'est pourquoi Saint-Eustache est enfoncé, parbleu! Saint-Eustache est là-bas avec la rosace vide de son peuple dévot, tandis que les Halles s'élargissent à côté, toutes bourdonnantes de vie (*Le Ventre de Paris*, p.799)

Cet édifice représente effectivement l'imitation de la tradition médiévale, mêlée de certains éléments appartenant au style de la Renaissance, et c'est pourquoi Lantier y voit la mort, l'agonie, la réduction dans les rosaces de Saint-Eustache, qui tout au long du roman ne fait que se réveiller à l'aube pâlissante sans jamais atteindre d'autres dimensions. Alors que Saint-Eustache semble diminuer face aux Halles envahissantes, ces dernières l'enveloppent et surplombent la capitale. C'est ainsi que dès le lever du soleil "le cadran lumineux de Saint-Eustache pâlissait, agonisait, pareil à une veilleuse surprise par le matin" (*Le Ventre de Paris*, p.626). Alors que la nuit, Saint-Eustache donne l'heure, une fois le matin arrivé, elle disparaît dans la grisaille quotidienne face à son opposante: les Halles. C'est une église qui paraît prête à disparaître, à être englobée par la nouvelle "cathédrale" de Paris: les Halles, et qui se fond dans la nouvelle masse de sa cadette, qui la domine et avale peu à peu cette "carcasse" vide. C'est cette agonie de la pierre qui est mise en exergue dans cet ouvrage, et la réduction de la cathédrale qui s'opère au fil des pages. La cathédrale gothique se laissera-t-elle peu à peu avaler par sa suppléante: la cathédrale de fer, les Halles?

La nouvelle construction est la première chose qui attire le regard de Florent dès son arrivée à Paris, la nouveauté des Halles l'avait déjà accaparé, et sans pour autant qu'il puisse détacher les yeux de la pointe de Saint-Eustache, il

> rêvait, l'esprit affaibli, à une suite de palais, énormes et réguliers, d'une légèreté de cristal, allumant sur leurs façades les mille raies de flammes de persiennes continues et sans fin (...) Il tourna la tête, fâché d'ignorer où il était, inquiété par cette vision colossale et fragile; et comme il levait les yeux, il aperçut le cadran lumineux de Saint-Eustache, avec la masse grise de l'église (*Le Ventre de Paris*, p.609)

Ce contraste entre le bâtiment moderne des Halles et la petite église Saint-Eustache est plein d'une vérité sur la disparition difficile à ignorer des bâtiments anciens, avalés par les nouveaux. Alors qu'il rêve à des palais de cristal, c'est l'église, et sa couleur sombre qui se découpe au loin qui attire son regard; cet aspect révèle le poids qu'une église comme Saint-Eustache peut avoir dans l'oeuvre naturaliste, lorsque le moyen-âge n'est plus à l'honneur et que le gothique a perdu de sa valeur. La couleur de l'église, vue par le scripteur, est très neutre, jusqu'à en devenir invisible, et elle s'efface devant la nouveauté des Halles, bâtiment de fonte, qui supplante le style gothique en cette fin de siècle.

Le renouveau médiéval, si plein de controverses (cf. les restaurations fidèles/infidèles de Viollet-le-Duc), tant prisé par certains auteurs du dix-neuvième siècle semble mis de côté dans ce roman, qui représente l'adieu à l'architecture du passé et le salut au monde moderne, en entrant de plein-pied dans une ère nouvelle, après avoir fait table rase du passé. Le narrateur, être en plein désarroi, semble chercher à construire de nouvelles bases pour repartir d'un pas plus assuré, et assumer les nouveautés de son siècle avec la construction des monuments modernes reflétant l'ère industrielle dans laquelle le siècle était entré. Cette thématique de la fonte dans un roman est peut-être destinée à ancrer dans les esprits la prédominance nouvelle de la révolution industrielle et permet au scripteur d'opèrer la transition avec son siècle.

Les Halles, qui étalent leur panse bien ronde, dominent dans le roman, et Saint-Eustache, dont le nom n'est mentionné que très rarement, s'enfonce de plus en plus dans un passé sans importance, jusqu'à disparaître complètement sous les étouffantes Halles, triomphe du modernisme et des "gras". L'image des Halles en tant qu'estomac en mouvement constant donne l'impression d'un travail de nettoyage assez conséquent, car, positionnées derrière Saint-Eustache, elles semblent sur le point de la dévorer. Cependant, alors que tout semble renaître sous un nouveau jour: celui de la domination de l'acier, et se remettre à vivre après avoir oublié le passé; une lueur d'espoir fait son apparition avec la petite église de Saint-Eustache qui, malgré sa petitesse, ne veut pas se laisser reléguer à l'arrière-plan; une petite citation enfouie dans une page de description montre qu'alors que

> le soleil enfilait obliquement la rue Rambuteau, allumant les façades, au milieu desquelles l'ouverture de la rue Pirouette faisait un trou noir. A l'autre bout, le grand vaisseau de Saint-Eustache était tout doré sous la poussière du soleil, comme une immense châsse (*Le Ventre de Paris*, p.636)

Contrairement à ce que l'on croyait la fin de la période gothique ne touche pas à son terme, tout est remis en jeu et l'église apparaît en plein jour telle une relique sainte qui domine de nouveau Paris. Et tout au long du roman nous nous trouvons face à un duel constant entre la pierre et la fonte. La symbolique du vaisseau-cathédrale revient en force pendant quelques secondes, les couleurs changent en faveur de l'église qui, malgré le modernisme affiché par le narrateur, reprend le dessus et illumine la ville. Durant de brèves secondes, cette petite église, auparavant enfoncée, agonisante reprend vie et nargue les Halles qui sont derrière elle, et qui tentent de l'attirer à elles de façon à l'incorporer dans sa structure. C'est à cet instant qu'elle devient la réminiscence du passé de Florent, du passé de la nation, l'étoile qui lui dicte sa conduite, même s'il est le seul à le percevoir, alors qu'il étouffe dans l'oppressante odeur grasse des Halles, qui ne dégagent que des odeurs nauséabondes l'indisposant, même si

> les premiers mois, il ne souffrit pas trop de cette odeur pénétrante (...) Jusqu'en février, le pavillon resta lamentable, hérissé, désolé, dans son linceul de glace. Mais vinrent les dégels, les temps mous, les brouillards et les pluies de mars. Alors les poissons s'amollirent, se noyèrent; des senteurs de chairs tournées se mêlèrent aux souffles fades de boue qui venaient des rues voisines (...) Puis, dans les après-midi ardents de juin, la puanteur monta, alourdit l'air d'une buée pestilentielle (...) Florent souffrit alors de cet entassement de nourriture, au milieu duquel il vivait (...) Son estomac étroit d'homme maigre se révoltait (*Le Ventre de Paris*, p.730)

Tout cela est le signe d'une certaine déchéance qui ne saurait tarder, comme nous allons le voir dans les pages du roman, ainsi que dans l'historique des Halles en tant que telles. Il semble que l'église et la destinée de Florent aillent de pair, l'un vivant en symbiose avec l'autre, et tous deux sont constamment mis en opposition par le narrateur; c'est ainsi que Florent est décrit au début du roman comme "une masse noire" (*Le Ventre de Paris*, p. 604) qui fait peu de contraste avec "la masse grise de l'église" (*Le Ventre de Paris*, p. 609). Si Florent représente l'ancien régime et toutes les traditions que le gouvernement en place tente de faire disparaître, son devenir est mis en parallèle avec celui de l'église qui, étant la manifestation du style gothique, n'avait plus lieu d'être à la fin du dix-neuvième siècle avec la montée du modernisme; Lantier quant à lui, est le chantre de l'art moderne qui, comme le mentionne David Baguley dans *Naturalist Fiction*: "provides the aesthetic *distance* and is the vehicule for the presentation of each *nature morte*."; ainsi, selon Baguley:

> the two characters represent opposite reaction to the material world, both characteristically naturalist, and reveal the underlying function of the aesthetic descriptions in naturalist works. Claude, at least in this novel, joyously aestheticises, sublimates, distances, orders, contains, recomposes this superabundance of matter (*Naturalist Fiction*, p.193).

Cette opposition entre les deux protagonistes révèle la dichotomie existante au sein de cette oeuvre où le romancier met en présence deux personnages ainsi que deux styles: le gothique et le moderne pour exorciser l'inexorable avancée du modernisme et organiser le monde selon un ordre bien précis. L'intrigue du roman est agencée en fonction de la montée et la chute de Florent dans le monde "des gras", et il est possible de remarquer qu'alors que "le frisson du matin le prenait; il claquait des dents" (*Le Ventre de Paris*, p.632), son attitude change dès qu'il sort de dessous les Halles et rencontre Gavard. C'est à cet instant précis que l'église s'illumine et devient ce vaisseau de lumière qui resplendit, et s'impose en tant que monument dirigeant la ville comme lors de la grande époque des cathédrales. Elle supplante l'autre vaisseau de la capitale: les Halles, qui plus loin reprennent le dessus et sont dépeintes comme un "vaisseau gigantesque" (*Le Ventre de Paris*, p.771). C'est lors de la trahison de Lisa que l'église, alors que le sort de Florent en est jeté, s'assombrit de nouveau comme pour signaler la déportation proche de Florent, et au moment de la confession "le soleil se mourait dans les vitraux, l'église devenait noire" (*Le Ventre de Paris*, p.810). Cette constante opposition entre les deux monuments de l'oeuvre et la destinée d'un des personnages du roman, révèle le désir du scripteur naturaliste d'exposer dans ses romans

> the obverse of the natural process, fixing and transmuting a world in decay. The subject of naturalist fiction becomes an aesthetic object, material for the writer's palette, a procedure totally unpalatable for the politically conscious critic (*Naturalist Description*, p.197)

Ainsi le narrateur à travers ses écrits tentera de dépeindre le monde moderne et ses changements à travers ses descriptions naturalistes, et se servira du roman comme moyen pour transformer et transmuer le monde des années soixante-dix.

2. Les Halles: triomphe d'une certaine modernité?

Cette structure moderne de fonte et d'acier qui domine Paris n'est que le reflet de la société de l'époque qui s'était mise à l'heure de la révolution industrielle. Un bref historique sur les Halles nous permettra d'examiner le problème de la modernité de cette construction et de sa résistance au temps.

C'est en 1135 que Louis VI donne l'ordre de transférer le marché de la place de Grève aux Halles, et c'est à la fin du dix-huitième siècle que la suppression du marché des Innocents permet l'installation de plusieurs marchés: la halle aux blés, mais aussi le marché de verdure, la halle aux poissons, et le marché des Innocents. Ces halles ayant été construites sans véritable plan d'ensemble, Napoléon Ier fit publier un décrêt de 1811 qui déclara que les anciennes halles étaient vétustes, et qu'une grande halle allait être construite, pour remplacer cet amalgame de bâtiments conçus sans ordre précis. En dépit de ce décrêt, qui prévoyait la fin des travaux pour 1814, il n'y eut de commencement d'exécution que lors des grands travaux de la capitale en 1852. Plusieurs emplacements ayant été envisagés, le lieu de construction fut choisi et un avant-projet fut demandé à Victor Baltard. En fonction des troubles de 1848, le projet ne fut repris qu'en 1851, et c'est le baron Haussmann, aidé du ferronnier Joly d'Argenteuil, et de leurs successeurs, qui dota Paris des Halles, dont les derniers pavillons ne seront terminés qu'en 1936.

Ces différentes reconstructions, qui culmineront dans le projet final, en feront la manifestation du nouveau Paris, celui du vingtième siècle balbutiant, qui domine et insuffle de la vie à la cité. Elles seront omniprésentes dans le roman dont elles sont l'actrice principale, et prendront vie alors que tout est démoli autour d'elles. Elles ne semblent vivre que de par la destruction d'autres bâtiments sur lesquels on les élève et reprennent en quelque sorte le rôle imparti, par le passé, aux cathédrales gothiques, car tout vit par elles, elles deviennent le nouveau poumon de Paris.

a) Les Halles, organe central de fonctionnement:

Ne pouvant détacher ses yeux de ce nouvel organe indispensable à la vie de la ville, Florent "ne tenta plus de lutter, il était repris par les Halles, le flot le ramenait. Il revint lentement, il se retrouva à la pointe de Saint-Eustache" (*Le Ventre de Paris*, p.631). Et c'est de là que Florent entendit battre ce nouveau poumon d'acier rythmant la vie de la cité, là d'où il

> [entendit] le long roulement qui partait des Halles. Paris mâchait les bouchées à ses deux millions d'habitants. C'était comme un grand organe central battant furieusement, jetant de la vie dans toutes les veines. Bruit de mâchoires colossales, vacarme fait du tapage de l'approvisionnement, depuis les coups de fouet des gros

> revendeurs partant pour les marchés de quartier, jusqu'aux savates traînantes des pauvres femmes qui vont de porte en porte offrir des salades, dans des paniers (*Le Ventre de Paris*, p.631).

Le monstre de métal entre en pleine action, et il agit comme un gros animal qui a constamment besoin de se réapprovisionner en nourriture fraîche. Le triomphe de la machine domine cette fin de siècle avec les Halles, engin monstrueux, dont les parois ne cessaient de

> se solidifi[er], d'un gris verdâtre, plus géantes encore, avec leur mâture prodigieuse, supportant les nappes sans fin de leurs toits. Elles entassaient leurs masses géométriques; et quand toutes les clartés intérieures furent éteintes, qu'elles baignèrent dans le jour levant, carrées, uniformes, elles apparurent comme une machine moderne, hors de toute mesure, quelque machine à vapeur, quelque chaudière destinée à la digestion d'un peuple, gigantesque ventre de métal, boulonné, rivé, fait de bois, de verre et de fonte, d'une élégance et d'une puissance de moteur mécanique, fonctionnant là, avec la chaleur du chauffage, l'étourdissement, le branle furieux des roues (*Le Ventre de Paris*, p.626)

La bête humaine fait son apparition et elle avale tout sur son passage. Bien qu'elle protège les habitants de la ville, ainsi que les marchands qu'elle fait vivre, l'air y est oppressant et tout ne sera dissipé que des années plus tard, lors de la destruction des Halles et de la construction du centre pluridisciplinaire Georges Pompidou.

Alors que les Halles se présentent chez Zola comme un animal, elles sont aussi dépeintes comme une forêt de métal qui donne vie (p.621). Le lien avec la vision de Chateaubriand est immédiat, car, pour lui, les cathédrales sont le prolongement des forêts, dont les clochers, comme des bras tendus, forment un lien direct avec Dieu. Même si la projection chrétienne n'entre pas en ligne de compte dans le roman de Zola, le rapprochement avec l'idée de forêt ne peut que se faire dans l'esprit des lecteurs; elles supplantent la forêt gothique de la tradition médiévale et se projettent vers l'avenir. Les Halles représentent ainsi une nouvelle forme de stabilité qui manquait à la vie des citoyens parisiens, éprouvés par des années de privations et de troubles sociaux. Lorsque Florent est propulsé inspecteur de la marée, il se mit à regarder

> la haute voûte, dont les boiseries intérieures luisaient, entre les dentelles noires des charpentes de fonte. Quand il déboucha dans la grande rue du milieu, il songea à quelque ville étrange, avec ses quartiers distincts, ses faubourgs et ses villages, ses promenades et ses routes, ses places et ses carrefours, mise tout entière sous un hangar, un jour de pluie, par quelque caprice gigantesque. L'ombre sommeillant dans les creux des toitures multipliait la forêt des piliers, élargissait à l'infini les nervures délicates, les galeries découpées, les persiennes transparentes; et c'était, au dessus de la ville, jusqu'au fond des ténèbres, toute une végétation, toute une floraison, monstrueux épanouissement de métal, dont les tiges qui montaient en fusée, les branches qui se tordaient et se nouaient, couvraient tout un monde avec les légèretés de feuillage d'une futaie séculaire (*Le Ventre de Paris*, p.621)

Ce poumon, cette machine de métal qui fait tourner la ville de Paris couvre la ville de ses énormes bras de fonte, si bien qu'elle prend l'aspect d'une forêt futuriste hérissée de pointes métalliques. Les Halles, qui sont là pour protéger la ville, ont aussi une apparence froide à cause des matériaux utilisés dans la construction de cette ville de métal. L'âge des métaux a désormais remplacé les âges paléolithiques et néolithiques, et donne vie à une armature de fer qui semble succéder à l'ogive et dominer, allant jusqu'à avaler Paris.

b) Les Halles, bâtiment de l'avenir?

Tout concourt en effet à la prédominance de cet édifice moderne, car les Halles remplacent la vraie nature, par une nature artificielle que Florent pouvait admirer le soir de sa chambre. Et c'est

> en bas, confusément, [que] les toitures des Halles étalaient leurs nappes grises. C'étaient comme des lacs endormis, au milieu desquels le reflet furtif de quelque vitre allumait la lueur argentée d'un flot (...) Il jouissait du grand morceau de ciel qu'il avait en face de lui, de cet immense développement des Halles, qui lui donnait, au milieu des rues étranglées de Paris, la vision vague d'un bord de mer, avec les eaux mortes et ardoisées d'une baie,

> à peine frissonnantes du roulement lointain de la houle (*Le Ventre de Paris*, p.713)

Tel Des Esseintes qui se tourna pendant un temps vers le côté artificiel de la vie, les Halles succèdent au passé et remplacent la nature par des branches de métal, qui abritent une autre forme de nature, morte celle-là, vendue par les différents marchands de ce lieu. Néanmoins, si elles prennent la place de la nature en la remplaçant par du métal, le monde ne sera-t-il pas rapidement entraîné vers l'asphyxie totale? L'on découvre alors que ce bonheur idyllique n'est pas sans un côté négatif, car, bien qu'elles essaient de représenter la nature, l'image des eaux mortes est très vive et renvoie une vision ternie des Halles. Ces bâtiments, témoins de la révolution industrielle, ne sont pas sans failles, la modernité qu'ils symbolisent est minée par certains détails qui entravent le sentiment de leur progression. Plus loin dans le roman, les Halles ressemblent à un animal, elles sont énormes, et apparaissent à Florent pleines de

> nourritures débordantes et fortes [qui] avaient hâté la crise. Elles lui semblaient la bête satisfaite et digérant, Paris, entrepaillé, cuvant sa graisse, appuyant lourdement l'empire. Elles mettaient autour de lui des gorges énormes, des reins monstrueux, des faces rondes, comme de continuels arguments contre sa maigreur de martyr, son visage jaune et mécontent (*Le Ventre de Paris*, p.733)

Cet aspect carnassier que Florent voit dans les Halles est en fait la manifestation d'un malaise ambiant qui fait peu à peu surface et qui sabote l'idée progressiste que voulait donner l'auteur. Non seulement les Halles tentent d'englober, d'avaler la pierre, représentée par Saint-Eustache, mais elles semblent également vouloir engloutir Paris dans leurs entrailles. Le gigantisme symbolisé par les Halles est une des manifestations du modernisme parisien de la fin du dix-neuvième siècle qui laisse peu à peu entrevoir le malaise existant, annoncent la faille qui s'aggrandira, et qui bien des années plus tard, laissera place au trou béant des Halles lors de leur destruction et de leur déplacement à Rungis en 1962. C'est ainsi que les Halles prennent, d'après l'interprétation de Florent, l'aspect d'un

> vaste ossuaire, un lieu de mort où ne traînait que le cadavre des êtres, un charnier de puanteur et de décomposition (...) Le tapage, l'humidité nauséabonde du pavillon de la marée s'en allait de lui; il renaissait à l'air pur. Claude avait raison, tout agonisait aux Halles (*Le Ventre de Paris*, p.803)

Et, alors qu'en général, les ossuaires sont toujours situés entre les contreforts des nefs des églises, là il est vu comme prenant naissance au pied des Halles, l'église moderne. Ce parfum, chargé de l'odeur de la mort de l'ancien et porteur de la nouveauté, laisse de nouveau entrevoir l'abîme qui s'entrouvre, en faisant pénétrer dans la ville une nouvelle construction sans avenir durable qui s'oppose à la vraie nature embaumant "l'odeur du thym que le soleil chauffait" (*Le Ventre de Paris*, p.803). Ce géant de fonte avalant tout sur son passage est une image étudiée par beaucoup de critiques; cependant, il faut remarquer que la naissance d'un monde moderne grandiose et monumental ne peut se faire sans heurts, et c'est à l'accouchement de ce monde passé et présent que nous assistons,

La pureté d'antan n'est plus, car la fonte, ce matériau spécial, cette armature des Halles, ce "géant de fonte" (*Le Ventre de Paris*, p.781), est elle-même une matière composite "obtenue par le traitement d'un mélange de minerai, de combustible (charbon de bois, coke) et de fondant calcaire ou *castine* "[7], et elle ne fait pas partie des matières nobles, telles les pierres utilisées dans la construction des cathédrales, fragments tirés d'une même matière. Si la fonte reflète plus, dans sa composition, la société et ses différentes strates, la pierre elle, est l'élément qui perdure à travers les siècles car selon Roger Caillois

> les pierres sont vieilles, antérieures à la vie, à l'homme, à qui elles ont fourni la matière de ses premiers outils, de ses premières armes, et ses asiles, ses sanctuaires, ses tombeaux, sans compter l'étincelle décisive extorquée à la rêche silice. Avant elles, il n'existait rien que l'étendue vide des géométries. Les astres à leur naissance sont faits de minéraux, et, quand ils s'éteignent, toute vie consumée, ils ne font que redevenir matière inerte qui a banni un frisson, un respir, une précarité passagère. Ils ont retrouvé leur permanence, leur austérité fondamentales: une

> chronologie auprès de qui toute longévité ne dure qu'un instant[8]

D'après la théorie de R. Caillois, la pierre est l'élément essentiel à la vie, elle est le symbole de la permanence, et s'oppose en cela à la fragmentation du dix-neuvième siècle. Elle est la substance qui représente la fixité des époques, car c'est elle qui transforme les espèces en fossiles et ainsi:

> une fois essorées de la vie, les carcasses furent rendues à la pierre (...) Les âges ont passé. Un ossuaire de marbre a remplacé les mers évaporées (...) L'architecture angulaire des cristaux fit régner dans la substance inerte les blasons de l'ordre et de la permanence (*Pierres réfléchies*, p.34-36)

C'est pourquoi, en dépit de l'aspect durable d'une armature en fonte, les bâtiments qui ont résisté à l'assaut du temps sont toujours ceux faits de pierre, alors que les Halles

> crevant dans leur ceinture de fonte trop étroite, et chauffant du trop plein de leur indigestion du soir le sommeil de la ville gorgée (...) [Florent] les laissa vautrées au fond de l'ombre, toutes nues, en sueur encore, dépoitraillées, montrant leur ventre ballonné et se soulageant sous les étoiles (*Le Ventre de Paris*, p.868)

Elles sont prêtes à crever sous la fonte qui les étouffe et les écrase. Ce ventre n'est pas gonflé, mais "ballonné", c'est pourquoi les Halles semblent se désagréger de l'intérieur, jusqu'à imploser en leur temps.

Cependant, les Halles ne sont pas le seul bâtiment moderne qui soit érigé dans Paris à cette même époque; en effet, les grands magasins aussi prennent alors leur essor à la même époque. Témoins de l'évolution industrielle et économique sans précédent, ils avalent tout sur leur passage comme dans le roman *Au Bonheur des Dames*, oeuvre représentant par excellence la disparition de l'ancien et l'essor des temps modernes. Est-ce un bâtiment résolument moderne, ou cache-t-il la faille que l'on retrouve tout au long des romans de Zola, le désir d'adaptation entre deux tendances? La création d'un monde nouveau, l'avalement de l'ancien par les monuments modernes suggère bien plus que l'effacement d'une civilisation. Ce monumentalisme, ce modernisme ne sont en fait que du trompe-l'oeil, une illusion ne servant qu'à couvrir le matériau originel, la pierre qui perdure et révèle un monde neuf, en mouvement, à la recherche constante d'une forme autre à adopter, dont la quête n'aboutira qu'à travers l'oeuvre de transition de Denise dans *Le Bonheur des Dames*. Ce côté baroque de l'oeuvre de Zola se présente comme le symbole indiquant la transition sans une rupture totale d'avec le passé, mais reflétant un vif désir de continuer à vivre en alliant présent et avenir.

3. Le Bonheur des Dames, édifice résolument moderne?

Nous examinerons donc la culmination de l'art moderne présentée dans *Au bonheur des dames* datant de 1883, avec le monument moderne et commercial, et l'échec de "la Belle Epoque" matérialiste. Ce bâtiment, résolument moderne de par sa construction et son indifférence au passé, manifestée dans son oeuvre de destruction auprès des petits magasins de quartier, permettra de voir triompher l'amour et condamner l'appât du gain. Dans ce roman, alors que nous nous éloignons complètement du style gothique, les boutiques qui tenteront de résister à la pression du grand magasin leur faisant face resteront toujours fidèles à la tradition ancienne, celle des corporations médiévales. Dans cette oeuvre, il s'agit plus de la transposition de l'ancien que de la conservation des éléments gothiques, et c'est cette permanence des idées que nous allons tâcher de développer dans cette étude, et même si cela dénote un certain conservatisme, toute période historique requiert un point de repère. Le Vieil Elbeuf sera le siège de l'étude, car, c'est la boutique d'où partiront tous les transferts opérés par Denise; c'est de là "qu'elle acheva de comprendre la puissance du nouveau commerce et de se passionner pour cette force qui transformait Paris" (*Au Bonheur des Dames*, p.258). En effet, ayant compris que ce lieu démodé, dépassé, ne pouvait survivre, elle essaiera de faire part de son expérience aux autres et d'utiliser ses connaissances dans les grands magasins.

a) Le vieil Elbeuf, et l'échec des petits magasins:

Le magasin du "Vieil Elbeuf" est une entreprise familiale, qui de par sa structure, pourrait rappeler les corporations médiévales, où patrons et ouvriers exerçaient ensemble un métier qui débutait obligatoirement par plusieurs années d'apprentissage, pendant lesquelles ils vivaient ensemble sous un même toit. Cette histoire est celle de la famille Baudu et de leur employé Colomban,

> un gros travailleur, qui, depuis dix années, trimait dans la boutique et avait gagné ses grades rondement (...) Il avait passé par les différentes étapes, petit commis, vendeur appointé, admis enfin aux confidences et aux plaisirs de la famille, le tout patiemment, menant une vie d'horloge (*Au Bonheur des Dames,* p.42-43).

Ces galons, acquis depuis des années, ressemblent étrangement à ceux gagnés lors du parcours des artisans des gildes ou hanses médiévales qui acquérirent des seigneurs locaux des privilèges leur conférant une certaine puissance. Cependant, avec l'arrivée de la révolution industrielle, des grands travaux, et des grands bâtiments, le vieux magasin agonise face au "Bonheur des Dames" qui englobe et détruit les petits commerces. Dès les premières pages, nous observons la fascination de Denise pour le "Bonheur", et le contraste avec la "nudité" du magasin de son oncle qui révèle

> la boutique du rez-de-chaussée, écrasée de plafond, surmontée d'un entre-sol très bas, aux baies de prison, en demi-lune. Une boiserie, de la couleur de l'enseigne, d'un vert bouteille que le temps avait nuancée d'ocre et de bitume, ménageait, à droite et à gauche, deux vitrines profondes, noires, poussiéreuses, où l'on distinguait vaguement des pièces d'étoffe entassées. La porte, ouverte, semblait donner sur les ténèbres humides d'une cave (*Au Bonheur des Dames*, p.35).

Ce vieil édifice agonisant est au début de sa déchéance qui se reflète également sur les occupants du lieu, dont l'exemple le plus frappant en est la cousine Geneviève "chez qui s'aggravait encore la dégénérescence de sa mère [et qui] avait la débilité et la décoloration d'une plante grandie à l'ombre" (*Au Bonheur des Dames*, p.37). Cette déchéance physique et morale, en train de s'accomplir sous les yeux de Denise, reflète le malaise ambiant subi par les boutiquiers en lutte perpétuelle avec le modernisme des grands magasins contre lesquels la lutte semble perdue d'avance. Tout semble condamné dans ce réduit confiné aux "ténèbres" étouffantes, dans lesquelles Denise et ses frères hésitent à pénétrer, tellement le contraste est grand avec la lumière extérieure, et surtout avec la magnificence du *Bonheur des Dames*.

Le *Vieil Elbeuf* n'est qu'un des exemples de la fin des petits magasins, tout le quartier en est rempli, et tous sont en train de lutter contre l'avancée du grand magasin. Le refus de l'oncle Baudu de changer et de s'adapter à ce siècle en plein essor industriel n'en fera qu'une proie encore plus facile pour le Bonheur des Dames qui grignotera le terrain autour du magasin de l'oncle pour en déloger les propriétaires, s'aggrandir, et finalement absorber les petites boutiques car selon lui

> depuis près de cent ans, le *Vieil Elbeuf* est connu, et il n'a pas besoin à sa porte de pareils attrape-nigauds. Tant que je vivrai, la boutique restera telle que je l'ai prise, avec ses quatre pièces d'échantillon, à droite et à gauche, pas d'avantage (*Au Bonheur des Dames*, p.56)

Cette inflexibilité de la part de l'oncle Baudu le mènera à sa perte, car il ne souhaite pas avancer avec le progrès, et se mure dans "ce trou glacial de l'ancien commerce" (*Au Bonheur des Dames*, p.45). Il n'aurait de toute façon eu aucune chance contre la puissance et l'argent des grands magasins.

> Cette vieille boutique aux traditions surannées est constamment mise en opposition avec le nouvel édifice, mais elle est aussi resituée dans le contexte de son quartier et incorporée à l'haleine du vieux quartier [qui] venait de la rue; il semblait que le ruissellement des parapluies coulât jusqu'aux comptoirs, que le pavé avec sa boue et ses flasques entrât, achevât de moisir l'antique rez-de-chaussée, blanc de salpêtre. C'était toute une vision de l'ancien Paris mouillé, dont [elle] grelottait, avec un étonnement navré de trouver la grande ville si glaciale et si laide (*Au Bonheur des Dames*, p.59)

La vieille ville se meurt et Denise ne peut que se rallier à l'énorme machine du *Bonheur des Dames* où tout est si lumineux et attirant. La lutte entre le grand magasin et les boutiquiers ne cessera qu'à la mort ou à la faillite de ces derniers. De même que l'église Saint-Eustache était occultée dans la description de la ville de Paris par le scripteur, le *Vieil Elbeuf*, dont le nom augure de la fin proche, est également mis de côté pour laisser place au bâtiment de l'avenir. Dès le milieu du roman, le *Vieil Elbeuf* "semblait mort" (*Au Bonheur des Dames*, p.237), et il ne cessera d'agoniser au fil des pages, alors que le Bonheur n'arrêtera pas de prendre de l'ampleur: "[à] mesure que le *Bonheur des Dames* s'élargissait, il semblait que le *Vieil Elbeuf* diminuât" (*Au Bonheur des Dames*, p.269). Même Denise, qui se trouve désarmée face à la force montante du nouveau commerce,

> était consciente que cela était bon, qu'il fallait ce fumier de misère à la santé du Paris de demain [cependant], sa bonté rêva longtemps aux moyens à prendre, pour sauver au moins les siens de l'écrasement final (*Au Bonheur des Dames*, p.461-62)

La lutte semble tout à fait inégale et tous les petits magasins disparaissent peu à peu, obligés de céder sous la pression de la puissance et de l'argent. D'ailleurs, dès que Denise avait posé son premier regard sur la maison de Bourras elle avait été surprise de la position de cette dernière déjà accollée au grand magasin dont la position

> l'étonna: une masure prise entre le *Bonheur des Dames* et un grand hôtel Louis XVI, poussée on ne savait comment dans cette fente étroite, au fond de laquelle ses deux étages en bas s'écrasaient. Sans les soutiens de droite et de gauche, elle serait tombée, les ardoise de sa toiture tordues et pourries, sa façade et ses deux fenêtres couturée de lézardes, coulant en longues taches de rouille sur la boiserie à demi mangée de l'enseigne (*Au Bonheur des Dames*, p.50)

L'état dans lequel elle trouve la maison de Bourras qui est similaire à celui du *Vieil Elbeuf*, reflète, dès les premières pages, la situation des petits boutiquiers de cette fin de siècle. Une situation qui n'ira pas s'améliorant avec le progrès de l'industrialisation. Ainsi, après la démolition de la maison, Bourras

> n'aurait [jamais] cru que ce serait fini si vite. Et il regardait l'entaille ouverte, le creux libre enfin dans le flanc du *Bonheur des Dames*, débarrassé de la verrue qui le déshonorait. C'était le moucheron écrasé, le dernier triomphe sur l'obstination cuisante de l'infiniment petit, toute l'île envahie et conquise (*Au Bonheur des Dames*, p.473)

Cependant, le sort de cette boutique "semblait devoir [d'] être écrasée du coup, le jour où le magasin envahirait l'hôtel" (*Au Bonheur des Dames*, p.260), ce qui fut accompli très rapidement. D'autre part, dès que cela fut accompli, l'architecte du *Bonheur des Dames* "pour relier les rayons existants du magasin, avec les rayons qu'on installait dans l'ancien hôtel Duvillard, avait imaginé de creuser un passage, sous la petite maison qui les séparait" (*Au Bonheur des Dames*, p.289). La démolition de l'ancien quartier est en marche, et ne cessera qu'avec la destruction complète de tous les petits magasins, c'est ce qu'

> oncle Baudu [ ] avait dit, le petit commerce des rues voisines recevait encore un coup terrible. Chaque fois que le *Le Bonheur des Dames* créait des rayons nouveaux, c'étaient de nouveaux écroulements, chez les boutiquiers des alentours. Le désastre s'élargissait, on entendait craquer les plus vieilles maisons. Mlle Tatin, la lingère du passage Choiseul, venait d'être déclarée en faillite; Quinette, le gantier, en avait à peine pour six mois; les fourreurs Vanpouille étaient obligés de sous-louer une partie de leurs magasins; si Bédoré et soeur, les bonnetiers, tenaient toujours, rue Gaillon, ils mangeaient évidemment les rentes ramassées jadis (...) Et voilà que, maintenant, d'autres ruines allaient s'ajouter à ces ruines prévues depuis longtemps (...) C'était fini, il fallait plier l'échine: après ceux-là, d'autres encore seraient balayés, et il n'y avait plus de raison pour que les commerces ne fussent tour à tour chassés de leurs comptoirs. Le *Bonheur* seul, un jour, couvrirait le quartier de sa toiture (*Au Bonheur des Dames*, p.280-81)

La fin physique du petit commerce se fait jour et peu à peu, et la transformation de ce quartier de Paris allait débuter sous la poussée constante du grand magasin. Après que la dernière "verrue", îlot de résistance le plus vif, a eut perdu la partie, voilà que Paris est lui aussi, "rapetiss[é], mangé par le monstre" (*Au Bonheur des Dames*, p.480) qui avale la ville comme l'avaient fait les Halles pendant longtemps. Le *Bonheur des Dames* prédomine désormais, et remplace les cathédrales des temps anciens, écrasées elles aussi par cette nouvelle machine. Cette nouvelle "nef centrale" (*Au Bonheur des Dames*, p.521) est l'un des points de départ de la révolution architecturale, et symbolise les temps modernes. Le vingtième siècle qui est en marche, prêt à tout avaler sur son passage, et à ne rien laisser derrière lui, n'est plus représenté que par le fer qui

> commença à être produit de façon à peu près industrielle, aux environs de 1840-1850, [et que] Léonce Reynaud formula excellement dans son *Traité d'architecture* (1850) [signalant que]: "Depuis longtemps, on accuse l'architecture de ne pas renouveler les formes qu'elle met en oeuvre; on prétend que nous n'avons pas de système d'architecture parce que nous produisons des éléments déjà connus [...] A la nouvelle matière qui vient s'offrir à nous (le fer), il faudra de nouvelles formes et de nouvelles proportions, car elle diffère essentiellement de toutes celles qui, jusqu'à ce jour, ont été mises en oeuvre. Ce qui convenait à la pierre ne saurait, sous aucun rapport convenir au fer. Il y a donc, dans le fait industriel, le principe, non pas d'une rénovation complète de l'art, mais de nouveaux éléments, d'une nouvelle branche qui est, sans doute appelée à des développements considérables, et au progrès de laquelle il serait impossible d'assigner des limites[9]

Le fer, matériau résolument progressiste, symbole de modernité, ne semble pas pouvoir s'adapter aux structures du passé qui n'utilisaient que de la pierre, c'est pourquoi tout doit être effacé et la nouveauté commence à voir le jour. Cependant, alors que les grands magasins prennent le dessus et font disparaître les petits commerces, Denise sera l'instrument à l'aide duquel le scripteur pourra manifester cette transmutation d'un âge vers un autre.

b) Un juste milieu: l'alliage de l'ancien et du moderne; le nouveau Bonheur, oeuvre hybride de Denise.

Denise, agent catalyseur du roman, est l'instrument de l'auteur naturaliste lui permettant, parce qu'elle est une des rares personnes à pouvoir accomplir la transition entre les deux mondes (les boutiques et le grand magasin), d'analyser les événements et de dépeindre un mode de pensée différent. C'est à travers elle que le scripteur présentera une période où les diverses époques se rejoignent, dévoilant aux lecteurs la transition accomplie.

Après avoir été congédiée par la direction du *Bonheur des Dames*, Denise quitte le grand magasin et retourne dans son ancien quartier pour trouver un logement. Pourtant, elle se trouve très vite en proie à un sentiment ambigu d'attirance/rejet face au grand magasin. Cette fuite loin du *Bonheur des Dames* qui n'a fait que son malheur lui paraît impossible, car le Bonheur ne cesse de l'attirer: "tous deux [Denise et Bourras], du matin au soir, ne parlaient ainsi que du magasin, le buvaient à chaque heure dans l'air même qu'ils respiraient" (*Au Bonheur des Dames*, p.247), C'est alors qu'elle échoue devant une vieille bâtisse à la "façade couleur de rouille, étranglée entre le *Le Bonheur des Dames* et l'ancien hôtel Duvillard" (*Au Bonheur des Dames*, p.239). Ce renvoi, si dur qu'il soit, lui est en fait bénéfique, car il lui permet de retravailler dans les anciens commerces peu à peu détruits par le grand magasin, ainsi que de reprendre contact avec le monde des petits commerces. C'est pour elle un moyen se ressourcer dans ce milieu plein de vieilles traditions et pratiques; chez Bourras tout d'abord, puis chez Robineau avant de repartir à l'assaut du *Bonheur des Dames* pleine d'idées, neuves pour le Bonheur, mais anciennes pour les petits magasins.

Cette faille dans l'armature moderne qui persiste malgré les circonstances, est transmise par l'intermédiaire de Denise qui semble être le fil conducteur, le lien entre l'ancien et le moderne qu'elle comprend pareillement. Au lieu de s'ingérer complètement dans les affaires du *Bonheur des Dames*, et de faire abstraction de son passé, elle conquiert *Le Bonheur des Dames* de par son sourire, sa douceur et par l'influence et les améliorations qu'elle apportera aux conditions des travail: "elle avait conquis une autorité absolue, par sa douceur même" (*Au Bonheur des Dames*, p.406).

Ayant vécu les deux aspects de la querelle entre le bâtiment moderne et les magasins anciens, elle recrée une grande famille dans cette immense ville dans la ville, opère le développement d'une entité autonome:

> le *Bonheur des Dames* se suffisait, plaisirs et besoins, au milieu du grand Paris, occupé de ce tintamarre, de cette cité du travail qui poussait si largement dans le fumier des vieilles rues, ouvertes enfin au soleil (*Au Bonheur des Dames*, p.439)

Des idées germent dans son esprit et prennent naissance sous cette charpente de verre et d'acier:

> Dans sa tête raisonneuse et avisée de Normande, poussaient toutes sortes de projets, ces idées sur le nouveau commerce, qu'elle osait effleurer déjà chez Robineau, et dont elle avait exprimé quelques-unes [à Mouret], le beau soir de leur promenade aux Tuileries. Elle ne pouvait s'occuper d'une chose, voir fonctionner une besogne, sans être travaillée du besoin de mettre de l'ordre, d'améliorer le mécanisme. Ainsi, depuis son entrée au *Bonheur des Dames*, elle était surtout blessée par le sort précaire des commis; les renvois brusques la soulevaient, elles les trouvait maladroits et iniques, nuisibles à tous, autant à la maison qu'au personnel. Ses souffrances du début la poignaient encore, une pitié lui remuait le coeur, à chaque nouvelle venue qu'elle rencontrait dans les rayons, les pieds meurtris, les yeux gros de larmes, traînant sa misère sous sa robe de soie, au milieu de la persécution aigrie des anciennes. Cette vie de chien battu rendait mauvaises les meilleures; et le triste défilé commençait (...) Elle voyait l'immense bazar idéal, le phalanstère du négoce, où chacun aurait sa part exacte des bénéfices, selon ses mérites, avec la certitude du lendemain, assurée à l'aide d'un contrat (*Au Bonheur des Dames*, p.439-40)

Denise jouera au travers du roman un rôle de conciliatrice et de médiatrice entre les boutiquiers du quartier et le grand magasin, dans un effort d'entente pour éviter la mort et la destruction totale des personnes qu'elle aime. Elle se devait de s'interroger sur le rôle qu'elle allait jouer dans cette bataille sans merci, car

> depuis des années, elle-même était prise dans les rouages de la machine. N'y avait-elle pas saigné? Ne l'avait-on pas meurtrie, chassée, traînée dans l'injure? Aujourd'hui encore, elle s'épouvantait parfois, lorsqu'elle se sentait choisie par la logique des faits. Pourquoi elle, si chétive? Pourquoi sa petite main pesant tout d'un coup si lourd, au milieu de la besogne du monstre? (*Au Bonheur des Dames*, p.477)

Alors qu'elle "acheva de comprendre la puissance du nouveau commerce et de se passionner pour cette force qui transformait Paris. Ses idées mûrissaient" (*Au Bonheur des Dames*, p.258). Ayant compris que l'inévitable allait se produire, et que la fin était proche, elle tâchait de faire comprendre cela aux petits commerçants, tels que Robineau qui souvent "avait senti ce souffle du commerce nouveau, cette évolution dont parlait la jeune fille; et il se demandait, aux heures de vision nette, pourquoi vouloir résister à un courant d'une telle énergie, qui emporterait tout" (*Au Bonheur des Dames*, p.253). Elle représente l'alliance de l'ancien et du moderne dans sa façon de penser qui combine le bon côté des deux modes de fonctionnement, et sera l'élément sauvegardant le monde ancien en pénétrant avec douceur dans le monde moderne.

La petite faille dans toute cette armature d'acier, que personne ne pourra renier, est l'utilisation de matériaux universels et éternels comme la pierre, utilisée par l'architecte dans le fondations du *Bonheur des Dames*. C'est ainsi qu'au niveau de la structure, bien que faite de verre et de fer, la pierre perdure dans les fondations qui sont ce sur quoi repose le bâtiment, le point de départ de cette nouvelle cathédrale. En effet, "l'architecte, par hasard intelligent, un jeune homme amoureux des temps nouveaux, ne s'était servi de la pierre que pour les sous-sols et les piles d'angles" (*Au Bonheur des Dames*, p.297). Même si cette citation privilégie les temps modernes et l'utilisation massive du fer et des briques, la base de la structure est toujours composée de pierre. Le scripteur tente de nier l'utilisation d'anciennes méthodes de construction, ou du moins de vieux matériaux et utilise des formules négatoires qui minent l'apport de la pierre, ainsi:

> **Bien que** [c'est moi qui souligne] l'architecte se servît des constructions existantes, il les ouvrait de toutes parts, pour les aménager; et au milieu, dans la trouée des cours, il bâtissait une galerie centrale, vaste comme une église, qui devait déboucher par une porte d'honneur, sur la rue Neuve-Saint-Augustin, au centre de la façade (*Au Bonheur des Dames*, p.279)

Tout dans ces constructions n'est pas complètement effacé, la structure en est modifiée plutôt que complètement détruite, car il est très difficile de faire table rase du passé pour se tourner résolument vers l'avenir; il semble plus simple de se baser sur le passé, de s'en servir comme tremplin vers l'avant, et d'utiliser les anciennes méthodes pour les adapter au goût du jour. C'est ainsi que Denise, au lieu de privilégier un mode de vie par rapport à l'autre fera une synthèse des deux et servira de lien entre deux formes de gestion très différentes l'une de l'autre.

Si la forme est différente, la tradition gothique ayant disparu de la littérature zolienne dans ce roman, l'esprit de cette tradition subsiste à travers Denise qui est la nouvelle instigatrice de ce bonheur. Il est vrai que les quartiers autour du grand magasin sont peu à peu détruits et "améliorés" par les nouvelles constructions. Cependant, il est vrai que l'esprit, si ce n'est la lettre de la tradition, persiste à travers les idées de notre protagoniste. Elle fait du neuf avec du vieux et progresse ainsi vers l'avant, au lieu de nier le passé, elle s'en sert comme d'une planche de salut qui lui fera gagner le respect de toute la place sans lui aliéner personne.

4. Echec et disparition du passé?

Il est certain que le passé est en train de s'effacer peu à peu à travers les grands travaux de Paris entrepris au dix-neuvième siècle; cependant, il ne faut pas oublier que

> la modernisation présente ainsi une lame à double tranchant - d'un côté le glaive qui détruit, de l'autre le bistouri qui assainit. Déblayer le passé pour mieux construire l'avenir (...) Figure de la mobilité, l'haussmannisation permet au romancier d'articuler et de dramatiser sa vision du monde moderne en train de se faire[10]

Il devient alors nécessaire de faire le point sur ces travaux, et de voir dans les deux romans étudiés qu'il n'est pas possible de faire aussi facilement table rase du passé. L'humanité et la charité témoignées par Denise à ses compagnons de travail, la misère qu'elle aura véçue, ne lui feront point oublier ses épreuves, et c'est cet héritage dont elle tiendra compte pour travailler *Au Bonheur des Dames*.

Cette transition entre les deux mondes accomplie par Denise n'est en fait qu'une tradition qui se perpétue depuis des siècles. Le monde moderne n'est que le résultat d'une progression par rapport à ce qui précédait, nous constatons alors que la "Gesta Dei per Francos" reprend le dessus, et qu'elle est représentée par la cathédrale qui domine la cité. En effet, Saint-Eustache, témoin du gothique flamboyant, se trouve dégagée depuis la disparition des Halles, et on peut aujourd'hui en apprécier l'architecture qui s'élève près du Forum des Halles. Les constructions anciennes qui, à l'inverse des Halles qui n'existent plus, ont perduré malgré l'archarnement de certains à les détruire, existent toujours dans la capitale et gardent leur attrait. Malgré que le Forum des Halles, achevé dès 1979 sur les vestiges des anciennes Halles, témoigne de réalisations architecturales résolument contemporaines qui ont entraîné une mutation fondamentale du quartier; comprenant les rénovations et modernisations des immeubles anciens souvent insalubres, la suppression des activités et des commerces traditionnels, la construction de logements sociaux, d'immeubles et d'hôtels; beaucoup de constructions anciennes subsistent, dans ce quartier se voulant fondamentalement moderne, comme le nord de la rue Etienne-Marcel où subsiste un secteur à l'ancienne, nettoyé, certes, mais qui a conservé ses commerces (le marché de Montorgueil pour n'en citer qu'un) ses artisans et sa population modeste. Le quartier des anciennes Halles est lui aussi entouré de bâtiments médiévaux comme l'Eglise Saint-Merri de 804 qui possède la plus ancienne cloche de Paris datant de 1331, et qui fut reconstruite au seizième siècle; la Tour Jean-sans-Peur est un autre des fleurons de la capitale qui a subsisté et qui date de 1408: il est aussi possible de voir se dresser l'Eglise Saint-Leu-Saint-Gilles du quatorzième siècle. Le passé, malgré la virulence des constructions et l'envergure prise par les bâtiments modernes, n'a pas cessé d'être et il continue à vivre en dépit du temps qui passe, métamorphosé et adapté à une nouvelle époque.

a) Aspect cyclique des civilisations:

Tout semble être pris dans une éternelle roue de modes et d'architectures qui ne cesse de tourner sur elle-même. Les différents cycles que sont l'âge de la pierre et celui du métal, qui existaient aux temps ancestraux se succèdent sans discontinuer au dix-neuvième siècle; le gothique dont le matériau principal était la pierre laisse place à l'âge du métal avec la construction des nouveaux édifices. Cet éternel recommencement est un acquis qui semble inhérent à notre civilisation et dont on ne peut se défaire. La pierre une fois installée ne peut être déchue de son droit de présence aux côtés des différents métaux découverts après elle. L'histoire se répète à travers les âges, et l'architecture suit le même tracé cyclique, mêlant les nouvelles données aux anciennes.

b) L'âge de pierre et sa survivance à travers les âges:

C'est ainsi qu'à travers l'architecture, nous pouvons observer le même parcours qu'avec l'évolution de l'espèce humaine. Il s'agit de la période au cours de laquelle les humains se sont transformés physiquement de l'Australopithèque à l'Homo Sapiens, qui ont utilisé successivement la pierre polie, puis la pierre taillée. Ces cycles se retrouvent dans les différentes constructions à travers les âges, les deux allant de pair. Dans la symbolique, les pierres sont comme nous l'avons vu "vieilles, antérieure à la vie", la pierre travaillée s'associe avec l'artisanat, donc avec le souvenir des civilisations des siècles passés, et peut ainsi perdurer à travers les âges. Dans la symbolique: "la pierre, comme élément de construction, est liée à la sédentarisation des peuples et à une sorte de cristallisation cyclique"[11]

Alors que les pierres ont survécu les différentes modes, dans le cas des Halles, le monument de fonte tente de remplacer la pierre de par sa structure représentative de la révolution industrielle. Cependant, même si le Halles subsistèrent pendant la première partie du vingtième siècle, elles furent détruites deux fois avant d'être déplacées vers un autre lieu: Rungis pour laisser place à un Forum moderne. Néanmoins, cette destruction du neuf permet d'admirer de très loin Saint-Eustache dans toute sa splendeur gothique, ainsi que de vérifier la théorie de R. Caillois selon laquelle les pierres sont "des objets de contemplation [le portant] à considérer chaque pierre comme un monde" (*Pierres réfléchies*, p.9). Ainsi à travers la contemplation de Saint-Eustache, c'est le monde gothique que l'on peut observer et qui semble toujours dominer la ville.

Les prévisions de Victor Hugo sur les méfaits de l'imprimerie, reprises par Lantier dans *Le Ventre de Paris*: "Ceci tuera cela, le fer tuera la pierre" (*Le Ventre de Paris*, p.799) s'avoueront en fait nulles et non avenues, car, bien qu'en voie de disparition, les cathédrales, églises et monuments médiévaux résisteront en quelque sorte à l'avancée du modernisme et ne disparaîtront pas totalement. Malgré l'archarnement des différents périodes à réduire à néant l'époque médiévale et les traditions anciennes, rien n'y a fait, et le passé subsiste tout de même, toujours ancré et stable, veillant sur la ville.

NOTES

[1] John E. Jackson, *La mort Baudelaire: essai sur les Fleurs du mal,* [Neuchâtel: Editions de la Baconnière, 1982] 85-86.

[2] Charles Baudelaire, *Les fleurs du mal,* Tome I [Paris: Louis Conard, 1917] 150.

[3] Arthur Rimbaud, *Les illuminations,* [Paris: Robert Laffont, 1992] 169.

[4] Emile Zola, *Les Rougon-Macquart,* vol.I de la Bibliothèque de la Pléiade [Paris: Fasquelle éditeurs, 1960] 612-613.

[5] Louis-Sébastien Mercier, *Le tableau de Paris,* [Paris: Librairie François Maspéro, 1979] 39.

[6] Stefan Max, *Les métamorphoses de la grande ville dans les Rougon-Macquart,* [Paris: Librairie A.G. Nizet, 1966] 9-10.

[7] Tiré du *Nouveau Larousse Uuniversel* , vol. I [Paris: Librairie Larousse, 1948] 755.

[8] Roger Caillois, *Pierres réfléchies.* [Paris: Gallimard, 1975] 40.

[9] Bernard Marrey, *Le fer à Paris architectures.* [Paris: Picard Editeur et Pavillon de l'Arsenal, 1989] 6.

[10] Priscilla Parkhurst-Ferguson, "Mobilité et modernité: le Paris de *La Curée.*" *Les cahiers naturalistes.* Paris: Editions Grasset-Fasquelle, 1991.

[11] Jean Chevalier, Alain Gheerbrant, *Dictionnaire des symboles,* [Paris: Robert Editions Robert Laffont S.A. et Editions Jupiter, 1982] 751.

CHAPITRE V

CONCLUSION GENERALE

Au niveau européen la multiplication des oeuvres traitant le monument médiéval fut un événement assez répandu, reflétant ainsi la position des divers auteurs sur les changements que subissaient leurs pays respectifs. Ce que nous avons essayé de démontrer dans cette étude est le rôle joué par le monument à travers la littérature du dix-neuvième siècle, ainsi que son évolution littéraire. Pour cela, il a été nécessaire d'examiner la perspective de plusieurs auteurs dont un des personnages, pour ainsi dire, se trouvait être un monument, et d'analyser les changements survenus à travers les différents genres littéraires de l'époque. C'est de l'évolution de la fonction du monument à travers la littérature dix-neuviémiste dont il s'agit dans cette étude. Le concept de monument n'est pas, contrairement à ce que l'on peut penser, fossilisé dans le passé: il évolue en fonction de la période donnée, non seulement au niveau architectural -- nous faisons référence aux restaurations --

mais il dépasse le rôle du simple monument médiéval, pour devenir un monument de plus vastes proportions, un monument littéraire; la littérature étant une forme de préservation de l'architecture. C'est à travers cette deuxième forme que nous avons réellement pu étudier l'influence du monument au siècle dernier, en tant qu'indice de civilisation, mais également en tant que révélateur du malaise ambiant. Il a pu agir comme catalyseur, enregistrant la détresse des différents narrateurs à la dérive dans un siècle en marche trop rapide, et la retransmettant au reste de la population. Ce retour impossible vers les sources éteintes d'un moyen-âge fantôme ne s'est pas avéré être un échec, mais une réussite différente de celle envisagée dans cette étude. Il est vrai que le retour en arrière qui avait séduit Huysmans ou Hugo n'était pas une alternative envisageable, toutefois, l'idéal moyenâgeux s'est trouvé transformé, et adapté au dix-neuvième siècle. C'est dans l'oeuvre de Zola que cette étude a trouvé une conclusion; chez cet auteur point n'était question de repartir en arrière, l'avancée du progrès avait été trop fulgurante, il a alors transposé et adapté des techniques anciennes à un monde moderne, en mouvement continu. C'est ainsi que le personnage de Denise joua un rôle charnière, en tant que catalyseur dans la construction de ce nouveau monde, alliant l'ancien et le moderne sans privilégier l'une des options par rapport à l'autre. Dans cet ouvrage, la fin de siècle approchant, il n'était plus question de la disparition du vieux, balayé par la vague du modernisme, mais de la transposition d'un monde vers l'autre. Au lieu de tout remplacer par du fer et seulement du fer, le scripteur a opéré un transfer, il a fait abstraction de la matière et a remplacé cette dernière par une nouvelle façon de penser. Tout ceci, à l'aide d'un élément important, le personnage en transition représenté par Denise qui, ayant vécu dans les deux mondes, a servi de charnière. En fait, nous nous apercevons que l'évolution perçue depuis l'oeuvre de Hugo atteint une conclusion dans le roman de Zola, et passant d'une oeuvre de transition à une autre nous entrons dans le vingtième siècle avec une impression de continuité.

Au niveau architectural, il en a été de même, si à priori, l'acier avait pris une ascendance sur la pierre, la constatation du vingtième siècle est que la pierre domine toujours notre monde, ayant survécu à maintes péripéties, destructions, et restaurations. Il ne nous reste pour le prouver qu'à regarder le "vieux continent" et admirer les vieilles pierres protégées, désormais classées monuments historiques. Cette transition passe tout d'abord par l'étude de quelques auteurs européens qui, de par leurs ouvrages, ont su créer la tradition du roman historique qui a prévalu pendant le dix-neuvième siècle. C'est ainsi que les auteurs que sont Victor Hugo, Alfred de Vigny, Walter Scott et Alberto Manzoni, pour n'en citer que quelques-uns, sont les parfaits représentants de la tradition médiéviste au dix-neuvième siècle. Comme nous avons essayé de le démontrer dans l'introduction, ce phénomène n'est pas resté isolé mais il s'est étendu au reste de l'Europe dès la fin du dix-huitième siècle. Ce mouvement de retour aux sources des douzième et treizième siècles a pu se développer en Europe et pénétrer tous les niveaux artistiques. Les quelques auteurs dont nous allons parler sont quelques-uns des représentants de cette tradition médiéviste du siècle dernier. Il est certain que Victor Hugo n'allait pas être le seul à s'inquiéter du sort qu'allait subir son pays au dix-neuvième siècle, et ainsi le retour aux sources médiévales a été effectué par plusieurs auteurs européens, manifestant l'étendue de ce malaise. Le monument littéraire dans le roman historique se voulait porteur d'un message qui communiquerait les réactions des différents auteurs face à l'état des monuments. Pour certains la rédaction d'un roman représentait le besoin d'un trait d'union entre le présent et le passé, alors que pour d'autres elle symbolisait l'élément réaliste, ou encore ce fut le désir de la représentation de la mémoire collective de l'humanité. C'est ainsi qu'au niveau européen naquit la tendance du roman historique basé sur des histoires ou légendes médiévales.

En France, Alfred de Vigny, dans son roman *Cinq-Mars*, plus particulièrement dans la préface "sur la vérité dans l'art", mentionne que

> Dans ces dernières années (et c'est peut-être une suite de nos mouvements politiques), l'Art s'est empreint d'histoire plus fortement que jamais. Nous avons tous les yeux attachés sur nos Chroniques, comme si, parvenus à la virilité en marchant vers de plus grandes choses, nous nous arrêtions un moment pour nous rendre compte de notre jeunesse et de ses erreurs. Il a donc fallu doubler l'intérêt en y ajoutant le souvenir ("la vérité sur l'art", p.9-10).

Ce retour vers l'histoire s'avéra être un mouvement nécessaire qui permit au peuple ainsi qu'aux dirigeants de mettre en exergue les erreurs commises, et de ne pas les répéter. C'est cet arrêt sur le monument en tant que représentant de la réalité quotidienne, ainsi que de la progression ou régression d'une civilisation, qu'a opéré le dix-neuvième siècle. Le monument, qu'il soit littéraire ou architectural, permet aux individus de se remettre en question et de faire le point. Le rôle du souvenir prend alors une place importante, et au lieu de n'être transmis que par la tradition orale lors de veillées, il est désormais perpétué à travers la littérature et les monuments. Selon Lukàcs,

> Vigny sees history sufficiently clearly to regard the French Revolution not as an isolated, sudden event, but rather as the final consequence of the "youthful errors" of French development (*The Historical Novel*, p.75)

C'est alors que le souvenir et l'analyse permettent de se rendre compte des erreurs du passé, de cette constatation découle une prise de conscience des événements antérieurs.
Il précise que les monuments sont des témoins de l'histoire qui est elle aussi

> une oeuvre de l'Art; et, pour avoir méconnu que c'est là sa nature, le monde chrétien tout entier a encore à désirer un monument historique pareil à ceux qui dominent l'ancien monde ("la vérité sur l'art", p.18)

Si pour certains l'histoire sert de personnage principal, d'autres, tels Vigny, considèrent que les personnes sont plus importantes, et c'est pourquoi il les met sur le devant de la scène. C'est en fonction du souvenir légué par nos ancêtres que nous pourrons faire le point sur le passé et envisager l'avenir sous un meilleur jour, à l'aide des précieux exemples antérieurs. D'autre part, dans ses descriptions de la Loire et des ses alentours, il décrit les

> vallons peuplés de jolies maisons blanches qu'entourent des bosquets, des coteaux jaunis par les vignes ou blanchis par les feuilles du cerisier, de vieux murs couverts de chèvrefeuilles naissants, des jardins de roses d'où sort tout à coup une tour élancée, tout rappelle la fécondité de la terre ou l'ancienneté de ses monuments, et tout intéresse dans les oeuvres de ses habitants industrieux (*Cinq-Mars*, p.23-24)

Le passé reste présent à nos yeux et soudain, alors que personne ne s'y attend, "la tête riante d'une jeune fille sort du lierre poudreux" (*Cinq-*

Mars, p.24). Alors que l'on croyait tout mort, "le rocher même est habité" (*Cinq-Mars*, p.24). La vie continue malgré les bouleversements économiques, sociaux et politiques et les pierres parlent, elles s'animent, sous la plume du narrateur qui les fait revivre pour ses lecteurs. En ce qui le concerne, le poète vit l'histoire comme un trait d'union, et voit en cela une explication des événements du dix-neuvième siècle. Tout s'explique, et c'est à travers le passé que se dessine l'avenir.

Comme nous l'avons signalé, Vigny s'oppose en tous points à Sir Walter Scott, qui en 1819 lança le mode du roman historique en Angleterre, particulièrement, avec *Ivanhoe,* où l'auteur dépeint le conflit opposant les Saxons et les Normans, problème central à la question anglaise, à travers l'histoire des personnages. Cette division habitant l'Angleterre se perpétuera à travers les siècles, et c'est au dix-neuvième siècle que la division du pays resurgira. C'est à travers ses oeuvres sur fond historique que le scripteur tentera de faire passer son message. Néanmoins, en dépit de leurs points de vue divergeants, chacun à sa manière se permet de recréer et de retracer l'histoire de son pays respectif. Si leurs approches sont différentes, le concept de l'intérêt de l'historicité du pays compte autant pour l'un que pour l'autre.

Pour finir, c'est vers l'Italie que nous nous tournons avec le roman d'A. Manzoni *I promessi sposi* [Les Fiancés], oeuvre séminale dans laquelle le scripteur dépeint, sur fond d'histoire d'amour de deux jeunes paysans,

> the critical condition of the Italian people resulting from Italy's fragmentation, from the reactionary feudal character which the fragmented parts of the country had retained owing to their ceaseless petty internecine wars and their dependence on the intervention of the great powers (*The Historical Novel*, p.70).

Il s'agit de nouveau de la fragmentation d'un pays et des résultats que cela peut avoir sur la population. Il est certain que si la partie d'un tout se fragmente, la peur de la guerre et de la domination d'un état à un autre entraîne certains auteurs à faire face à cet éventuel danger. La fragmentation des pays dont nous venons de discuter brièvement est, à plus grande envergure, le reflet de la société française du dix-neuvième. Le mal de la France n'était pas seulement propre aux Français, mais il s'étendait à toute l'Europe, et chacun des auteurs tenta d'examiner sous différents angles le problème de son pays en particulier. La récurrence de ce phénomène, qui avait pris une ampleur importante, signale donc ce mal du siècle de s'adapter et de sortir d'une ère pour entrer dans une autre, plus moderne, de la révolution industrielle. C'est alors que le concept d'architecture, particulèrement l'architecture gothique, privilégiée par les auteurs du dix-neuvième siècle comme fidèle représentante de la stabilité recherchée, est une façon de déclarer à la face du monde que le siècle nécessite des points de repère pour ne pas être pris dans un engrenage moderne auquel personne ne pourrait échapper. Cette évolution du monde dix-neuviémiste ne pouvait se détacher de l'époque médiévale et désirait rester ancré dans le passé. La thèse de base dans cette étude était de montrer l'échec du renouveau médiéval au dix-neuvième siècle, car ce monde idéal se révélait être une chimère; cependant, après de longues recherches la thèse initiale s'en est trouvée modifiée. Si au départ, il m'avait semblé que ces tentatives consécutives des différents auteurs de repartir dans le passé ne pouvaient qu'échouer, car ils se tournaient tous vers un monde qui n'avait jamais existé et qui avait de toute façon disparu, c'est avec Zola que j'ai pris conscience de l'existence d'une continuité au lieu de l'échec auquel je m'étais attendue. Faire table rase du passé n'était en fait pas une solution, et c'est chez Zola que j'ai découvert que le monde ancien, contrairement à ce que je pensais, n'était ni avalé, ni englouti comme je l'avais perçu au départ, mais qu'il perdurait sous d'autres formes. C'est à la suite d'une étude sur Paris, que je me suis rendu compte du fait que si Saint-Eustache dominait toujours sur la rive droite, les Halles n'existaient plus et qu'après les avoir maintes fois reconstruites, elles avaient de nouveau été démolies pour être déplacées à Rungis. Ainsi, le neuf n'avait pas complètement remplacé l'ancien qui subsistait au dessous; c'est ainsi que maintes villes françaises sont construites sur de l'ancien que l'on ne fait que découvrir au cours de constructions (comme actuellement à Chartres), alors que les bâtiments plus récents ont une période de vie moins durable. Comme l'architecture, la littérature a adopté le même concept et elle a pu évoluer par strates successives. Si les bâtiments, donc les villes, ont été construits sur des civilisations antérieures, la littérature relève de la même tradition; dans laquelle chaque période charnière (les fins de siècles) apporte une nouvelle interprétation, comme nous l'avons vu chez Zola. Signaler les destructions comme l'ont fait beaucoup d'auteurs au dix-neuvième leur a permis de tirer le signal d'alarme et de s'occuper de la conservation des monuments historiques, et au lieu d'un échec nous nous trouvons face à une réussite. Non seulement les monuments sont dorénavant protégés par de solides lois, mais en plus, ils sont toujours présents dans la littérature ainsi que dans la vie quotidienne. Il est bien évident que vivre dans le passé n'était pas la solution à envisager, c'est pourquoi la période de transition qu'ont traversé les auteurs étudiés s'est révélée nécessaire. Tous ressentaient un besoin de s'ancrer dans une période historique pour se protéger, éviter d'être entraînés dans le flot de la modernisation, et perdre ainsi tous points de repère. C'est cette quête dont nous avons discuté à travers cette étude, et qui a été nécessaire pour préserver l'équilibre, pour ne pas tout oublier, pour aller de l'avant sans borne d'amarrage, sans cette peur intrinsèque de l'inconnu. C'est ce concept de mémoire collective d'une civilisation qui nous permet de nous retrouver, de savoir où se sont nos racines pour pouvoir établir un lien entre le présent et le passé. Nous en arrivons au constat selon lequel l'évolution ne peut pas s'effectuer par à-coups mais graduellement, par palliers impalpables qui permettent aux individus de s'adapter peu à peu. Les changements du dix-neuvième siècle ayant été trop abrupts, la transition s'est accomplie à l'aide de la littérature, qui n'a pas, comme cela avait été prévu, remplacé complètement la pierre, mais qui s'est ajoutée à celle-ci pour établir une autre forme de dictionnaire des civilisations et présenter une perspective différente de la vie.

Il ne s'agit pas de privilégier un art, un style par rapport à un autre mais de préparer le terrain et sélectionner attentivement l'histoire. Il est certain que nos cultures se sont de plus en plus éloignées du passé, comme nous avons pu le voir avec l'arrivée de l'existentialisme au vingtième siècle. Cependant, si notre monde est de plus en plus préoccupé par le présent et que l'éveil historique fût moindre au début du dix-neuvième siècle, l'attitude des individus à changé et une prise de conscience de cette historisme a eu lieu. Les premiers à avoir tiré la sonnette d'alarme étant les poètes et auteurs du siècle passé, qui, à travers leurs écrits ont permis aux lecteurs d'analyser le problème et de réagir. C'est au travers du monument que les lecteurs ont assisté à la destruction du passé et à la reconstruction littéraire de ces mêmes monuments. C'est par la plume que beaucoup d'entre eux ont pu être reconstitués et présentés au public. Le monument devient alors l'indice des civilisations tel qu'il l'a toujours été, avec un ajout par rapport au passé, il n'est plus seul face aux destructions. Les artistes et leurs plumes sont présents et peuvent prendre position contre les modifications et le rejet éventuel du passé. Ainsi la prédiction d'Hugo se trouve à moitié validée, car, il ne s'agit plus de "ceci tuera cela", mais cette prédiction se transforme en "ceci aidé de cela" et tentera de lutter contre l'oubli et la destruction.

Cette étude s'est alors dirigée vers un second concept, celui de progrès alliant le passé et le présent, en intégrant l'un à l'autre, et de même qu'en sociologie nous avons la théorie du "melting pot" qui a été remplacée par celle du "salad bowl"; en littérature nous pouvons utiliser le même concept et parler non plus d'intégration mais d'ajouts de différentes époques, non pas comme ce qui a été effectué au niveau des diverses restaurations, mais en ce qui concerne la pensée et la façon d'envisager l'avenir en préservant le passé. Les différentes époques doivent rester présentes, et sans se mélanger complètement, être toujours dans l'esprit des gens. Le concept de mémoire sélective est, pour certaines personnes, un des moyens de s'échapper et de ne pas faire face à la réalité, car c'est une façon d'éviter de penser au passé et de fuir vers l'avant. Dans cette étude, nous avons vu que la tradition architecturale était, comme la mode, cyclique et si le style gothique déplaisait au dix-huitième siècle, il avait été remis au goût du jour au dix-neuvième siècle. Cet aspect cyclique des civilisations reprend essentiellement les formes théâtrales médiévales de la tradition du Corpus Christi célébrant la résurrection du Christ, et révèlent la période de création et l'ordre dans lequel ces événements ont fait leur apparition. Mais cette technique de présentation dévoile aussi l'importance de la coexistence de tous les événements, permettant de fondre passé et présent et d'éliminer toute temporalité. C'est alors que la vision des auteurs dix-neuviémistes, selon laquelle l'élément gothique devait entrer en ligne de compte et être inséré dans la société de l'époque, permet d'examiner passé et présent en étudiant les développements survenus.

C'est ainsi que dans notre étude nous aurions pu nous étendre un peu plus sur le concept de temporalité et le rôle qu'il jouait dans les romans décrits et surtout d'étudier l'évolution du concept de la tradition, non plus gothique, mais passée et la façon dont elle était perçue au vingtième siècle. Car, comme nous avons discuté du monument médiéval au dix-neuvième, la progression étant constante, il serait bon de savoir ce qu'il est advenu du concept et de la perception du monument lors des siècles suivants, en se concentrant sur le développement postérieur aux romans dix-neuviémistes et d'examiner dans une dernière partie jusqu'où l'ancien allait perdurer.

Quel meilleur endroit que le "nouveau monde" pour débuter un roman présentant le rôle du monument et faire l'état des lieux. Nous découvrons que l'endroit et l'époque ont changé, et que c'est à partir de New-York, ville de toutes les modernités, que l'auteur a situé son oeuvre. En effet, Didier Decoin dans *John l'enfer*, change de décors et nous entraîne aux Etats-Unis, en évoquant la vie de John l'enfer et sa profession de laveur de carreaux accroché par des ventouses aux gratte-ciel. Ce Cheyenne, à l'oreille interne lui permettant de ne pas souffrir du vertige, va constater à son niveau que le modernisme est en train de disparaître, de s'effriter et que la ville de New-York est en train de s'effondrer. De nouveau, nous nous trouvons face à la culmination du modernisme qui ne fait que dériver et ne peut survivre sans l'ancien. Leurs destinées semblent liées et souvent alors que le neuf s'effrite, comme nous allons le voir dans ce roman, l'ancien et les traditions sont les seules valeurs qui survivent. Bien évidemment, nous nous éloignons fortement du style gothique qui était le sujet de base de notre étude, cependant, il est également nécessaire d'étendre l'étude à un niveau général de prééminence de l'ancien sur le moderne et d'en examiner les modalités.

Dans ce roman, l'auteur traite la mort de la ville de New-York vu à travers les yeux d'un laveur de carreaux cheyenne, qui de par son travail est en contact constant avec l'intérieur des bâtiments. Sa profession lui permet d'avoir une position privilégiée, annonciatrice de la destruction qu'il est seul à percevoir car

> Ceux d'en bas ne se rendent compte de rien. Il n'ont pas remarqué cette lente hémorragie qui vide, un à un, les buildings (...) On n'a jamais vu une ville mourir comme un cheval, d'abord il y a des soubresauts, d'abord il y a des cris[1]

Cette destruction est de nouveau un cri d'alarme d'une civilisation en péril que personne ne peut entendre. Nous sommes replongés dans le tourbillon destructeur du dix-neuvième siècle où tout allait être rasé jusqu'à ce que nous prenions conscience du phénomène. Comme à l'accoutumée, c'est à travers l'écrit, et la rédaction d'un monument littéraire que les lecteurs seront mis devant le fait accompli. Tout dans ce roman est en train de mourir, comme si nous assistions à la fin d'une civilisation, devant laquelle John l'enfer, démuni de ressources, ne peut que se contenter d'observer en tant que spectateur. Les monuments modernes ne sont plus capables d'assumer leur tâche, et ils croulent sous le poids de la modernité, de l'armature bien trop lourde pour qu'ils continuent à assumer leur rôle. C'est alors que le même concept rejailli, la pierre qui a toujours dominé dans la construction perdure à travers les âges, et la théorie selon laquelle les bâtiments modernes allaient être à l'avant-garde du progrès et dominer le présent disparaît progressivement. Dans le monde de John l'enfer, les immeubles modernes ne peuvent résister à la pression du temps et s'il arrive que

> les doigts de Dorothy plongent dans une pustule de plâtre frais: c'est avec du plâtre détrempé qu'on comble les fissures de la résidence 509, il ne viendrait à l'idée de personne d'utiliser du ciment -- à quoi bon, pour si peu de temps? (*John l'enfer*, p.143)

Tout semble temporaire dans ce nouveau monde où tout meurt, la conséquence étant que

> la ville est mourante (...) Nous avons vu trop grand, et pas assez solide: un siècle, c'est beaucoup trop pour un mélange de sable, d'eau, de gravier et d'êtres humains (*John l'enfer*, p.157).

Cette fissure qui s'agrandit chaque jour sous les yeux des habitants de New-York, est à peu de choses près la même faille que l'on retrouvait chez Zola à la fin du dix-neuvième siècle. Elle ne cesse d'augmenter et un jour, comme le savent déjà les protagonistes du roman, la ville disparaîtra car elle "dissimule sous sa poussière et son clinquant une charpente qui se sclérose d'avantage de jour en jour" (*John l'enfer*, p.89). C'est de cette sclérose dont il a toujours été question au travers des siècles et de la fragilité de des monuments qui ne sont en fait que le reflet de la fragilité de la vie. John l'enfer, lui, est clairvoyant, car il "a toujours su que le béton n'aurait pas le dernier mot, que le temps viendrait qui relancerait la croissance des forêts sur ce périmètre de Greenwich Village" (*John l'enfer*, p.288). Ce personnage représente toute la tradition des Indiens d'Amérique qui savent que tout retournera à la nature en temps voulu, il ne s'agit que d'être patient.

Le monde de demain est en danger et quoi que l'on fasse on s'aperçoit que le mythe du retour aux sources est une tradition qui existe chez plusieurs ethnies sur différents continents. Le mythe du retour *ad fontes* pour préserver la culture de toute une société est une tendance que l'on retrouvait au dix-neuvième siècle, et qui se maintient à travers les siècles et les continents. Le monde de la pierre et de la tradition gothique perdurent à travers les siècles et le passé reste présent à l'esprit de chacun, il s'agit de s'informer afin de contrôler le présent pour ne pas être dépassé par les événements. Tout est en éternel progrès, cependant, l'ultra-modernisme est un concept qui ne s'impose pas, en fonction de la durée de vie que les bâtiments modernes peuvent avoir. La vie des monuments, bien que plus durable que celle des êtres humains, n'est pas éternelle et cette quête de l'éternité parvient à une fin. Allier le passé à la modernité semble être la seule solution qui nous permette de ne pas perdre contact avec nos racines, et qui serve de modèle aux générations à venir. La littérature et le monument deviennent l'un des journaux de bord de nos civilisations, les moyens par lesquels les générations à venir se rendront compte que tout n'est en fait qu'une suite d'éternelles transmutations à travers les siècles, qui permet aux générations avenir d'analyser les événements passés et présents.

NOTES

---

[1] Didier Decoin, *John l'enfer*, [Paris: Editions du Seuil, 1977] 32.

Bibliographie

Edition des oeuvres de Chateaubriand

Mémoires d'outre-tombe. Bordas: Paris, 1989.
Génie du Christianisme. 3 tomes. Paris: Imp. Gabriel Roux Librairie, 1855.

Edition des oeuvres de Hugo

Les Misérables. Marius-François Guyard Ed.. 2 Tomes. Paris: Garnier, 1957.
Notre-Dame de Paris. Marius-François Guyard Ed.. Paris: Garnier, 1961.
La Légende des Siècles, La Fin de Satan, Dieu. J. Truchet Ed.. Edition Pléiade. Paris: Gallimard, 1950.

Edition des oeuvres de Huysmans

A rebours. Paris: Gallimard, 1977.
Là-bas. Paris: Garnier-Flammarion, 1978.
En route. Paris: Garnier-Flammarion, 1979.
La Cathédrale. Paris: Gallimard, 1979.
L'Oblat. Paris: Gallimard, 1979.
Lettres inédites à Emile Zola. Genève: Librairie Droz, 1953.
Trois Eglises et trois primitifs. Paris: Librairie Plon, 1908.

Editions des oeuvres de Zola

Les Rougon-Macquart, oeuvres complètes Tome I. Paris: Fasquelle éditeurs, 1960.

Autres ouvrages cités

Adams, Henri. *Mont Saint-Michel and Chartres.* New York: Heritage Press, 1957.

Albouy, Pierre. *La création mythologique chez Victor Hugo.* Paris: Jean Corti, 1963.

Altieri, Charles. *Act and Quality: A Theory of Literary Meaning and Understanding.* Amherst: The University of Massachussetts Press, 1981.

Antosh, Ruth. *Reality and Illusion in the Novels of Joris-Karl Huysmans.* Amsterdam: Editions Rodopi B.V., 1986.

Argyros, Alexander J. *A Blessed Rage for Order.* Ann Arbor: The University of Michigan Press, 1991.

Aubert, Marcel. "Le romantisme et le moyen âge." *Le romantisme et l'art* (1928).

Baguley, David, ed. *Critical Essays on Emile Zola.* Boston: G.K. Hall & Co., 1986.

Banks, Brian. *The Image of Huysmans.* New York: AMS Press, 1990.

Bann, Stephen. "Victor Hugo's Inkblot: Indeterminacy and Identification in the Representation of the Past." *Stanford Literary Review* (1989): 95-114.

Baldwin, Charles Sears. *Medieval Rhetoric and Poetry.* New York: The Macmillan Company, 1928.

Barbéris, Pierre. *Chateaubriand: une réaction au monde moderne. Paris: Librairie José Corti, 1976.*

Barrère, Jean-Bertrand. *La fantaisie de Victor Hugo.* Paris: José Corti, 1960.

Baudelaire, Charles. Tomes I & IV. Oeuvres complètes. Paris: Louis Conard, 1917.

Bauman, Richard. *Story, Performance, and Event.* Contextual Studies in Oral and Literate Culture. Cambridge: Cambridge University Press, 1986.

Beers, Henry A. *A History of English Romanticism in the Ninteenth-Century.* New York: Henry Holt & Company, 1901.

Bell, David F. *Models of Power: Politics and Economics in Zola's Rougon-Macquart.* Lincoln: University of Nebraska Press, 1988.

Belval, Maurice M. *Des ténèbres à la lumière: étapes de la pensée mystique de J.-K. Huysmans.* Paris: Editions G. P. Maisonneuve & Larose, 1968.

Berret, Paul. *Le moyen âge dans la Légende des Siècles et les sources de Victor Hugo.* Paris: Paulin, 1911.

Bertand, Aloysius. *Gaspard de la nuit.* Paris: Editions du vieux colombier, 1962.

Best, Janice. "Pour une définition du chronotype: l'exemple de Notre-Dame de Paris." *Revue d'Histoire Littéraire de la France* (1989): 969-979.

Bessière, Jean ed. *L'ordre du descriptif*. Paris: Presses Universitaires de France, 1988.

Bett, Henry. *Johannes Scotus Erigena: a Study in Medieval Philosophy*. New York: Russell & Russel Inc., 1964.

Birge Vitz, Janice. *Medieval Narrative and Modern Narratology: Subjects and Objects of Desire*. New York: New York University Press, 1989.

Bloomfield, Morton & Charles W. Dunn. *The Role of the Poet in Early Societies*. Bury St. Edmunds, Sufolk: St. Edmundsbury Press, 1989.

Bold, Alan Ed. *Sir Walter Scott: the Long Forgotten Melody*. Vision Press Ltd, 1983.

Bony, Jean. *French Gothic Architecture of the 12th and 13th Centuries*. Berkley: University of California Press, 1983.

Bonnefis, Philippe. *Essai sur l'oeuvre d'Emile Zola*. Paris: Société d'édition d'enseignement supérieur, 1984.

Borie, Jean. *Zola et les mythes: ou de la nausée au salut*. Paris: Editions du Seuil, 1971.

Brombert, Victor. *Victor Hugo and the Visionary Novel*. Cambridge: Harvard University Press, 1984.

Brownlee, Marina S., Kevin Brownlee and Stephen Nichols Eds. *The New Medievalism*. Baltimore: The Johns Hopkins University Press, 1991.

Bubner, Rudiger. *Essays in Hermeneutics and Critical Theory*. New York: Columbia University Press, 1988.

Caillois, Roger. *Pierres réfléchies*. Paris: Editions Gallimard, 1975.

Calin, William. "The Medieval Presence in Modern Literature: A Question of Criticism and Culture." *West Virginia Philological Papers* (1981): 1-14.

Cantor, Norman. *The Meaning of the Middle Ages*. Boston: Allyn & Bacon, Inc. 1973.

_____________. *Inventing the Middle Ages: the Lives, Works and Ideas of the Great Medievalists of the Twentieth Century*. New York: William Morrow and Compagny, Inc., 1991.

Carter, A.E.. "J.K. Huysmans and the Middle Ages." *Medieval Studies in Honnor of Robert White Linker*. Brian Dutton Ed. Valencia, Spain: Castalia, 1973.

Castex, Pierre-George. *Horizons romantiques*. Paris: Librairie José Corti, 1983.

Chaitin, Gilbert. "Victor Hugo and the Hierogliphic Novel." *Ninteenth Century French Studies* (1990): 36-53.

Chandler, Alice. *A Dream of Order: The Medieval Ideal In Nineteenth-Century English Literature.* Lincoln: University of Nebraska Press, 1970.
Chastal, Guy. *J.-K. Huysmans et ses amis.* Paris: Bernard Grasset, 1957.
Chaytor, H. J. *From Script to Print.* London: Sidgwick & Jackson, 1945. 1966.
Chemetov, Paul & Bernard Marrey. *Architectures. Paris 1848-1914.* Paris: Bordas, 1980.
Chevalier, Bernard. *Les bonnes villes de France: du XIVe au XVIe siècle.* Paris: Editions Aubier Montaigne, 1982.
Chevalier, Jean & Alain Gheerbrant. *Dictionnaire des symboles.* Paris: Editions Robert Laffont et Editions Jupiter, 1982.
Citron, Pierre. *La poésie de Paris dans la littérature française de Rousseau à Baudelaire.* 2 tomes. Paris: Editions de Minuit, 1961.
Colish, Marcia. *The Miror of Language: A Study in the Medieval Theory of Knowledge.* Lincoln: University of Nebraska Press, 1983.
Copley, Stephen & J. Whale Eds..*Beyond Romanticism.* London: Routelege, 1992.
Cook, William R. & B. Herzman. *The Medieval World View: an Introduction.* New York: Oxford University Press, 1983.
Curtius, Ernst Robert. *European Literature and the Latin Middle Ages.* Trad. Willard R. Trask. New York & Evanston: Harper and Row Publ., 1963.
Dakyns, Janine R. *The Middle Ages in French Literature 1851-1900.* London: Oxford University Press, 1973.
Damian Horia, & Jean-Pierrer Reynaud. *Les symboles du lieu, l'habitation de l'homme.* Paris: Editions de l'Herne, 1983.
Decoin, Didier. *John l'enfer.* Paris: Editions du Seuil, 1977.
Denommé, Robert T. *Nineteenth-Century French Romantic Poets.* Carbondale: Southern Illinois University Press, 1969.
Diéguez, Manuel de. *Chateaubriand ou le poète face à l'histoire.* Paris: Plon, 1963.
Dronke, Peter. *The Medieval Lyric.* Cambridge: Cambridge University Press, 1968. 1977.
Duby, Georges. *Le temps des cathédrales.* Paris: Gallimard, 1976.
Du Bellay, Joachim. *Les antiquités de Rome et les regrets.* Genève: Librairie Droz, 1947.
Dunlop, Ian. *The Cathedral's Crusade.* New York: Taplinger Company, 1982.
Dupont, Jacques. "Huysmans: un imaginaire médiéval." *Licorne* (1982): 337-348.
Evans, Jonathan. "Medieval Studies and Semiotics: Perspectives on Research." *Semiotics* (1984): 511-521.

Faria, Neide de. *Structure et unité dans les Rougon-Macquart (la poétique de cycle).* Paris: A.G. Nizet, 1977.

Farmer, Paul. *France Reviews its Revolutionary Origins.* New York: Columbia University Press, 1944.

Fitch, James M. *Historic Preservation.* New York: McGraw-Hill, 1982.

Foucault, Michel. *Discipline and Punish.* Trad. Alan Sheridan. New-York: Vintage Books, 1979.

____________. *L'Archéologie du savoir.* Paris: Gallimard, 1969.

____________. *Les mots et les choses.* Paris: Gallimard, 1966.

Franklin, R.W. *Nineteenth-Century Churches.* Modern European History. New York: Garland Publishing, Inc., 1987.

Fraisse, Luc. *L'oeuvre cathédrale.* Paris: José Corti, 1990.

Frese Witt, Mary Ann. *Existential Prisons.* Durham: Duke University Press, 1985.

Gaillard, françoise. "De l'antiphysis à la pseudophysis (l'exemple d'*A rebours*)." *Romantisme* 30 (1980): 69-82.

Gallacher, Patrick & Helen Damico ed. *Hermeneutics and Medieval Culture.* New York: State University of New York Press, 1989.

Gaulmier, Jean. *Un grand témoin de la révolution et de l'empire: Volney.* Paris: Hachette, 1959.

Gautier, Théophile. *Mademoiselle de Maupin.* Paris: Fasquelle, 1927.

________________.*Oeuvres complètes.* 2 Tomes. Paris: Nizet, 1970.

Gibbon, Edward. *The Decline and Fall of the Roman Empire.* Washington: Washington Square Press, 1966.

Giedeon, Sigfried. *Space, Time and Architecture.* Cambridge: the Harvard University Press, 1949.

Giraud, Victor. *Le christianisme de Chateaubriand.* 2 tomes. Paris: Librairie Hachette, 1925.

Glatstein, Irwin Lee. "Semantics, too, has a past." *Quarterly journal of Speech* 32 (1946): 48 51.

Goldstein, Laurence. *Ruins and Empire.* Pittsburgh: Pittsburgh University Press, 1977.

Grant, Judith. *A Pillage of Art.* New York: Roy Publishers Inc., 1966

Grant, Richard B. *Perilous Quest: Image, Myth and Prophecy in the Narratives of Victor Hugo.* Durham: Duke University Press, 1968.

Grevlund, Merete. *Paysage intérieur et paysage extérieur dans les mémoires d'outre-tombe.* Paris: A.G. Nizet, 1968.

Griffiths, R. *The Reactionary Revolution.* New York: Frederic Ungar, 1966.

Gross, David. *The Past in Ruins.* Amherst: University of Massachusetts Press, 1992.

Haggerty, George E. *Gothic Fiction/ Gothic Form.* University Park PA.: The Pennsylvania State University Press, 1989.

Hamon, Philippe. *Introduction à l'analyse du descriptif.* Paris: Classiques Hachette, 1981.

_____________. *Texte et idéologie.* Paris: Presses Universitaires de France, 1984.

_____________. *Expositions: littérature et architecture au XIXe siècle.* 1986.

Hardison, O.B. *The Enduring Monument.* Chapel Hill: University of North Carolina Press, 1962.

Hearnshaw, F.J.C.. *Medieval Contributions to Modern Civilisation.* New York: Barnes & Noble, Inc., 1949.

Hemmings, F. W. J. *The Life and Time of Emile Zola.* London: Elek Books Ltd., 1977.

Hitchcock, Henry-Russel. *Architecture, XIXe et XXe siècles.* Londres: Penguin Books, 1958. Bruxelles: Editions Mardaga, 1982.

Hollier, Denis. *La prise de la Concorde.* Paris: Gallimard, 1974.

Huizingua, Johan. *The Waning of the Middle Ages.* New York: Doubleday, 1954.

______________. *Homo Ludens.* Boston: Beacon Press, 1950.

Hunt, Herbert. *Le genre troubadour et les origines françaises du romantisme.* Paris: les Belles Lettres, 1929.

Jackson, John Brinckerhoff. *The Necessity for Ruins.* Amherst: University of Massachussetts Press, 1980.

Jacoubet, Henri. "Moyen Age et romantisme."*Annales de l'université de Grenoble,* 16 (1939): 83-103.

Jantzen, Hans. *High Gothic.* Trad. James Palmes. Princeton N.J.: Princeton University Press, 1957. 1984.

Kahn, Annette. *J.-K. Huysmans Novelist, Poet, and Art Critic.* Ann Harbor, MI.: UMI Research Press, 1982. 1987.

Kamm, Lewis. *The Object in Zola's Rougon-Macquart.* Madrid: Ediciones José Porrúas Turanzas, S.A., 1978.

Keller, Joseph. "Conversation: The Poetic Function and Criticism." *Style* (1980): 341-352.

Kingcaid, Renée A. *Neurosis and Narrative.* Illinois: Southern Illinois University Press, 1984.

Kostof, Spiro. *A History of Architecture.* Oxford: Oxford University Press, 1985.

Knapp, Betina. *Archetype, Architecture and the Writer.* Bloomington: Indiana University Press, 1986.

Küng, Hans. *Art and the Question of Meaning.* Trad. Edward Quentin. New York: Crossroad Publishing Company, 1981.

Le Goff, Jacques. *The Medieval Imagination.* Chicago: University of Chicago Press, 1985.

Leith, James A. *The Idea of Art as Propaganda in France 1750-1799.* Toronto: University of Toronto Press, 1965. 1969.

Lemaitre, Henri. *La littérature française du moyen-âge.* Paris: Bordas-Laffont, 1970. 5 tomes. *Du Moyen Age à l'âge Baroque.* 1970.

Léon, Pierre. *La vie des monuments français: destruction -- restauration.* Paris: Editions A. et J. Picard et Cie, 1951.

Levin, Miriam R. Republican Art and Ideology in Late Nineteenth-Century France. Ann Arbor, MI.: UMI Research Press, 1986.

Lockridge, Laurence S., J. Maynard & D. D. Stone Eds. *Nineteenth-Century Lives.* Cambridge: Cambridge University Press, 1989.

Lukàcs, Georg. *The Historical Novel.* Trad. Hannah and Stanley Mitchell. London: Merlin Press, 1962.

Mâle, Emile. *Art et artistes du moyen âge.* Paris: Librairie Armand Colin, 1947.

__________. *Religious Art from the Twelfth to the Eighteenth Century.* London: Noonday Press, 1968.

Marvin, F.S. *The Unity of Western Civilization.* London: Oxford University Press, 1915.

Maxwell, Richard. *The Mysteries of Paris and London.* Charlottesville & London: University Press of Virginia, 1992.

Mélange Pierre Lambert Consacrés à Huysmans. Paris: Nizet, 1975.

Michelet, Jules. *Histoire de la révolution Française.* Tome 1&2. Paris: Librairie Gallimard, 1952.

Middleton, Robin. *Les Beaux-Arts and Nineteenth-Century French Architecture.* Cambridge MA.: MIT Press, 1982.

Minnis, Alastair. *Medieval Theory of Authorship: Scholastic Literary Attitude in the Latter Middle Ages.* London: Scolar Press, 1984.

MacAndrew, Elizabeth. *The Gothic Tradition in Fiction.* New York: Columbia University Press, 1979.

Mallion, Jean. *Victor Hugo et l'art architectural.* Paris: Presses Universitaires de France, 1962.

Manzoni, Alessandro. *The Betrothed.* Trad. anonyme. London: G. Bell & Sons, Ltd., 1911.

Marrey, Bernard. *Le fer à Paris architectures.* Paris: Picard Editeur et Pavillon de L'Arsenal, 1989.

Max, Stefan. *Les métamorphoses de la grande ville dans les Rougon-Macquart.* Paris: Librairie A.G. Nizet, 1991.

Mercier, Louis-Sébastien. *Le tableau de Paris.* Paris: Librairie François Maspéro, 1979.

Mitchell, Jerome. *Scott, Chaucer, and Medieval Romance.* Kentucky: The University Press of Kentucky, 1987.

Monod, Albert. *De Pascal à Chateaubriand.* New York: Lenox Hill Pub. & Dist. Co., 1916. 1971.

Montalembert, Charles Forbes. "Du vandalisme en France." *La Revue des Deux Mondes* Mars 1833.

Moran, Dermot. *The Philosophy of John Scotus Eriugena: a Study of Idealism in the Middle Ages.* Cambridge: Cambridge University Press, 1989.

Morse, Ruth. *Truth and Convention in the Middle Ages.* Cambridge: Cambridge University Press, 1991.

Mortier, Roland. *La poétique des ruines en France.* Genève: Droz, 1974. (Histoire des idées littéraires Vol. 144)

Murphy, James J. *The Medieval Rhetorical Arts.* Berkley: University of California Press, 1971. 1985. (paperback)

Nelson, Roy Jay. *Causality and Narrative in French Fiction from Zola to Robbe-Grillet.* Columbus: Ohio State University Press, 1990.

Nimis, Stephen. *Narrative Semiotics in the Epic Tradition: The Simile.* Bloomington: Indiana University Press, 1987.

Noever, Pierre Ed. *Architecture in Transition.* Trad. Eileen Martin & Abigail Ryan. Munich: Prestel, 1991.

Nora, Pierre Ed. *Les lieux de mémoire.* 2 tomes. Paris: Editions Gallimard, 1986.

Olsen, Michel. "Gibt es ein Mittelalterrezeptione in der franzosichen Romantik?" Pp. 133-147 in Haarder, Andreas, ed., *The Medieval Legacy; A Symposium.* Odense: Odense University Press, 1982.

Ortoleva, Madeleine Y. *Joris-Karl Huysmans romancier du salut.* Collection "Etudes " N. 24. Québec: Editions Naaman, 1981.

Panofsky, Erwin. *Gothic Architecture and Scholasticism.* Trad. anonyme. Latrobe: Archabbey Press, 1951. 1956.

______________. *Meaning in the Visual Arts.* Trad. anonyme. Garden City, N.Y.: Doubleday Anchor Books Doubleday & Company Inc., 1955.

______________. Idea: *A Concept in Art Theory.* Trad. Joseph J. S. Peake. Columbia: University of South Carolina Press, 1968.

______________. *Perspective as Symbolic Form.* Trad. Christopher S. Wood. New York: Zone Books, 1968. 1991.

Parkhurst-Ferguson, Priscilla. "Mobilité et modernité: le Paris de *la Curée.*" *Les cahiers naturalistes.* Paris: Editions Grasset-Fasquelle, 1991.

Paris, Gaston. *Esquisse historique de la littérature française au moyen-âge.* Paris: Librairie Armand Colin, 1926.

Pauphilet, Albert. *Le legs du moyen âge.* Melun, 1950.

Petrucelli, Gerard. "Prémisses critiques des médiévalistes français du XIXe siècle." 683-689 in Varvaro, Alberto ed.,*XIV Congresso internazionale di linguistica e filologia romanza.* Naples: Machiaroli, 1981.

Poole, Reginald. *Medieval Thought and Learning*. New York: The Macmillan Company, 1920.

Porter, Charles. *Chateaubriand: Composition, Imagination and Poetry*. Saratoga: Anma Libri & Co., 1978. Ed. Alphonse Juilland. Vol IX in *Stanford French and Italian Studies*.

Purdie, Edna. *Von Deutscher Art und Kunst*. Oxford: Clarendon Press, 1924.

Quincy, Quatremère de. *Considération morales sur la destruction des ouvrages de l'art*. Paris: Librairie Arthème Fayard, 1989.

Réau, Louis. *Les monuments détruits de l'art français*. 2 tomes. Paris: Hachette, 1959.

Reed Doob, Penelope. *The Idea of the Labyrinth: from Classical Antiquity Through the Middle Ages*. Ithaca: Cornell University Press, 1984.

Ribard, Jacques. *Le Moyen Age: littérature et symbolisme*. Genève: Ed. Slatkine, 1984.

Richard, Jean-Pierre. *Paysage de Chateaubriand*. Paris: Editions du Seuil, 1967.

Richardson, A. E. & Hector O. Corfiato. *The Art of Architecture*. Westport Connecticut: Greenwood Press Publishers, 1952. 1972.

Riché, Pierre & Taté Georges. *Textes et documents d'histoire du Moyen Age Ve - VIe siècle*. Paris: Société d'Edition d'Enseignement Supérieur, 1972.

Rifelj, Carol de Dobay. *Word and Figure*. Columbus, OH.: Ohio State University Press, 1987.

Riffaterre, Michael. *Fictional Truth*. Baltimore: Johns Hopkins University Press, 1990.

Rimbaud, Arthur. *Les Illuminations*. Paris: Robert Laffont, 1992.

Ruskin, John. *The Stones of Venice*. New York: Hill & Wang, 1960.

Rodin, Auguste. *Les cathédrales de France*. Paris: Librairie Armand Colin, 1914.

Ronsard, Pierre de. *Oeuvres Complètes*. Paris: Gallimard, 1950.

Sainte Beuve. *Port-Royal*. Paris: Gallimard, 1953.

Salomon, Gottfried. *Das Mittelalter als Ideal in Der Romantik*. Munich: Drei Masken, 1922.

Saulnier, Verdun. *Victor Hugo et la Renaissance*. *AUP* 24 (1954): 191-211.

Sampson, Rodney. *Early Romance Texts: An Anthology*. Cambridge: Cambridge University Press, 1980.

Sédille, Paul. *Revue de l'Encyclopédie d'Architecture*. Paris: Fasquelle, 1885.

Seebacher, Jean. "Gringoire ou le déplacement du roman historique vers l'histoire." *Revue d'Histoire Littéraire de la France* (1975): 308-320.

Schor, Naomi. "Zola: from window to window." *Yale French Studies* (1969): 38-51.

___________. *Zola's Crowds.* Baltimore: The Johns Hopkins University Press, 1978.

Scruton, Roger. *The Aesthetics of Architecture.* Princeton N.J.: Princeton University Press, 1979.

Simons, John Ed. *From Medieval to Medievalism.* New York: St. Martin's Press, 1992.

Staël, Germaine de. *De l'Allemagne.* 2 tomes. Paris: Garnier-Flammarion, 1968.

Stevens, John. *Medieval Romance: Themes and Approaches.* London: Hutchinson University Library, 1973.

Sturgis, Russell A. M. *A History of Architecture.* New York: The Baker & Taylor Company, 1906.

Stock, Brian. *Listening for the Text.* Baltimore: Johns Hopkins University Press, 1990.

Switzer, Richard. *Chateaubriand Today.* Madison: University of Wisconsin Press, 1970.

Temko, Allan. *Notre-Dame of Paris.* New York: The Viking Press, 1955.

Terry Lincoln, Eleanor ed.. *Pastoral and Romance: Modern Essays in Criticism.* New Jersey: Prentice Hall, Inc., 1969.

Treue, Wilhelm. *Art Plunder.* Trad. Basil Creighton. London: Methuen & Co. Ltd., 1960.

Tuyssens, M & C. Thirty ed., Charlemagne et l'épopée romane. *Actes du VIIe congrès international de la société Roncevals,* Paris; Belles-Lettres, 1978.

_______________. *Victor Hugo et le Moyen Age.* Sofia; Imprimerie de la Cour, 1921.

Turnell, Martin. *The Art of French Fiction.* Northfolk: New Direction Books, 1959.

Turner, Robert F. *The Sixteenth Century in Victor Hugo's Inspiration.* New York: Columbia University Press, 1934.

Van Buuren, Maarteen. *Les Rougon-Macquart d'Emile Zola - de la métaphore au mythe.* Paris: Librairie José Corti, 1986.

Vargas Llosa, Mario. "El ultimo classico: A proposito de *Los Miserables.*" *Quimera* 30 (1983): 50-57.

Vickers, Anick Liliane. "Victor Hugo, juge de la littérature française: de la *Chanson de Roland* à 1800." *Dissertation Abstract International* 36: 4550 A.

Vial, André. *La dialectique de Chateaubriand.* Paris: Société d'édition d'enseignement supérieur, 1978.

Vigny, Alfred de. *Cinq-Mars.* 4 Tomes. Paris: Librairie Delagrave, 1920.

Villon, François. *Oeuvres.* Trad. André Lanly. Paris: Honoré Champion, 1991.
Vignaux, Paul. *Philosophy in the Middle Ages.* Trad. E.C. Hall. Cleveland: The World Publishing Company, 1967.
Viollet-le-Duc, Eugène Emmanuel. *Entretiens sur l'architecture.* 2 tomes. Ridgewood, N.J.: The Greg Press Incorporated, 1965.
Volney, Constantin François. *Les ruines ou méditations sur les révolutions des empires.* Paris: Baudoin Frères, 1820.
Ward, Patricia. *The Medievalism of Victor Hugo.* University Park:
Winston, Richard & Clara. *Notre-Dame de Paris.* New York: Newsweek, 1971. 1978.
Wilt, Judith. *The Novels of Walter Scott.* Chicago: University of Chicago Pennsylvania State University Press, 1975.
Wilson, Christopher. *The Gothic Cathedral.* London: Thames and Hudson Ltd., 1990.Press, 1985.
Weiss, Allen S. *The Aesthetic of Excess.* Albany: State University of New York, 1989.
Zumthor, Paul. "Le Moyen Age de Victor Hugo", in Victor Hugo, *Oeuvres Complètes,* ed. J. Massin, Club Français du livre, 1967.

Index